高等职业教育"十三五"规划教材

高职数学

杨蕊鑫　曲向哲　主编

天津大学出版社
TIANJIN UNIVERSITY PRESS

图书在版编目(CIP)数据

高职数学／杨蕊鑫,曲向哲主编. — 天津：天津
大学出版社,2019.8(2020.8重印)
高等职业教育"十三五"规划教材
ISBN 978-7-5618-6472-2

Ⅰ.①高⋯　Ⅱ.①杨⋯ ②曲⋯　Ⅲ.①高等数学－高
等职业教育－教材　Ⅳ.①O13

中国版本图书馆 CIP 数据核字(2019)第 158974 号

出版发行	天津大学出版社
地　　址	天津市卫津路 92 号天津大学内(邮编:300072)
电　　话	发行部:022-27403647
网　　址	publish. tju. edu. cn
印　　刷	北京虎彩文化传播有限公司
经　　销	全国各地新华书店
开　　本	169mm × 239mm
印　　张	11
字　　数	228 千
版　　次	2019 年 8 月第 1 版
印　　次	2020 年 8 月第 2 次
定　　价	35.00 元

编　委　会

前　言

　　"高职数学"是高职高专院校工科专业学生必修的一门基础理论课,是为培养我国现代化建设所需要的高素质应用型人才服务的。相对于初等数学而言,高等数学的对象及方法较为复杂。同时,它又是一门有着广泛应用的工具性学科,是众多数学分支和应用学科研究的重要基础和有力工具。本书根据学校人才培养方案中的教学要求,以培养学生的专业素质为目的,内容编写由浅入深、循序渐进,注重数学知识的应用,充分体现如下特色。

　　1. 突出"以应用为目的,以必需、够用为度"的教学原则,打破原有学科体系,对高等数学的知识体系进行了重组,将"高等数学""线性代数""概率论与数理统计""空间解析几何"等课程中的基础重点整合为"高职数学",全书共6章,主要内容包括函数、极限与连续,导数与微分,积分及其应用,常微分方程初步,线性代数初步,概率统计初步等。

　　2. 优化了高等数学课程教学内容,在保证必要的基本知识的前提下,省去复杂的计算和证明,对课程中的一些难点作深入浅出的讲述,强调直观描述,淡化理论证明和推导,使之适应专业课教学需要,提高针对性,将高等数学课程与专业课紧密结合起来,保证高等数学课程对专业课的服务功能。

　　3. 坚持以高职教育培养目标为依据,在应用数学的教学中注重理论联系实际,强调对学生基本运算能力和分析问题、解决问题能力的培养,以提高学生的数学修养和素质。

　　4. 对重要内容均给出了巩固例题,从而加深读者对相应部分内容的理解和掌握。

5. 在遵循知识体系的基础上适当调整内容。

编者在本书编写过程中,参考了大量有价值的文献与资料,吸取了许多人的宝贵经验,在此向这些文献的作者表示敬意。此外,本书的编写还得到了天津大学出版社领导和编辑的鼎力支持和帮助,同时也得到了学校领导的支持和鼓励,在此一并表示感谢。

由于编者自身水平及时间有限,书中难免有错误和疏漏之处,敬请广大读者和专家批评指正。

编者

2019 年 5 月

■目　录■

第 1 章　函数、极限与连续

函数是用数学术语描述现实世界的主要工具,也是微积分的研究对象;求极限是微积分的基本研究方法.本章将介绍函数、极限及连续性等基本概念以及它们的一些性质.

1.1　函数的概念及其性质

1.1.1　函数的概念

本书主要讨论一元函数,这里先给出一个推广的函数定义.

定义(函数)　设变量 x 在非空集合 D 中取值,y 是实数变量.如果对于变量 x 在 D 中的每一个值,通过某种规则 f,有唯一确定的 y 值与之对应,则称规则 f 是(定义在 D 上的)一个函数,或者说 y 是 x 的函数,记作 $y = f(x)$. D 称为函数 $f(x)$ 的定义域,全体函数值的集合 $\{y \mid y = f(x), x \in D\}$ 称为函数的值域,x 称为自变量,y 称为因变量.

例 1　求函数 $y = \lg(3 - 2x)$ 的定义域.

解　要使函数有意义,必须使 $3 - 2x > 0$,即 $x < \dfrac{3}{2}$,所以函数 $y = \lg(3 - 2x)$ 的定义域为 $\left(-\infty, \dfrac{3}{2} \right)$.

有时由于变量之间的函数关系较为复杂,需要用几个式子来表示,这时不能把它们理解为几个函数,而应理解为由几个式子表示的一个函数,这样的函数称为分段函数.

例 2 设 $f(x) = \begin{cases} 1-x, & -1, \leqslant x \leqslant 1, \\ 2x, & 1 < x \leqslant 3, \end{cases}$ (1)指出函数的定义域和值域;

(2)求 $f(0)$ 和 $f(2)$.

解 (1)定义域为 $[-1,1] \cup (1,3] = [-1,3]$;

当 $-1 \leqslant x \leqslant 1$ 时,$f(x) = 1-x,0 \leqslant f(x) \leqslant 2$;当 $1 < x \leqslant 3$ 时,$f(x) = 2x,2 < f(x) \leqslant 6$,因此值域为 $[0,2] \cup (2,6] = [0,6]$;

(2)$f(0) = 1-0 = 1,f(2) = 2 \times 2 = 4$.

实际问题中函数的定义域是由问题的背景限定的. 例如,如果自变量是距离,则不能取负数;如果自变量是人数,则只能取非负整数,等等.

1.1.2　函数的表示方法

函数的常用表示方法有以下几种.

1. 解析法

解析法是用数学表达式或解析表达式把自变量和因变量之间的关系表达出来的方法. 因函数解析表达式的不同,可以将其分为三种:显函数、隐函数、分段函数.

(1)显函数:直接用 x 的解析表达式表示函数 y. 例如,$y = 2x-1,y = \lg(x^2+2)$.

(2)隐函数:自变量 x 和因变量 y 的对应关系没有直接给出,是一个二元方程. 例如,$\ln y = \sin(x+y),e^y = x^2-2x-1$.

(3)分段函数:在定义域的不同分段区域内,函数有不同的解析表达式.

例如，$y = \begin{cases} x - 1, x > 0, \\ x + 1, x < 0. \end{cases}$

2. 图像法

图像法是在平面直角坐标系中，把自变量与因变量的关系用图形表示出来的方法.

如图 $1-1-1$ 为函数 $y = f(x)$ 的图形，用图形表示函数的优点是直观，变化趋势一目了然.

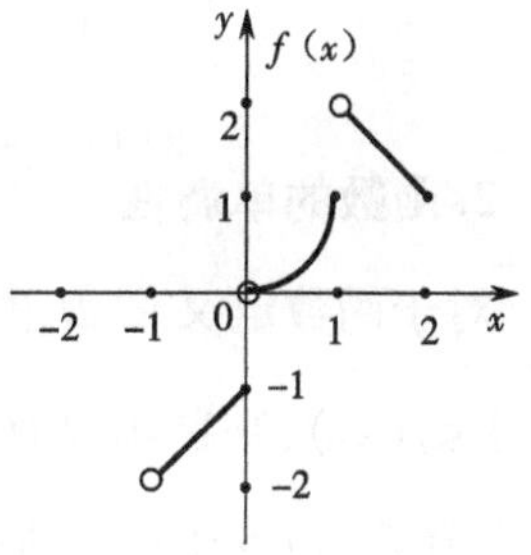

3. 表格法

表格法是把自变量与因变量的值列成表格表示出来的方法，如表 $1-1-1$ 所示.

图 $1-1-1$

表 $1-1-1$　某金属轴在不同温度 t 时的长度 l

$t/℃$	10	20	30	40	50	60
$l/$m	1. 000 12	1. 000 24	1. 000 35	1. 000 48	1. 000 61	1. 000 72

1.1.3　函数的性质

1. 函数的奇偶性

设函数 $y = f(x)$ 的定义域 D 关于原点对称，如果对于定义域内任意的 x，总有 $f(-x) = -f(x)$，则称函数 $f(x)$ 是奇函数；如果总有 $f(-x) = f(x)$，则称函数 $f(x)$ 是偶函数.

由定义知，奇函数的图形关于原点对称，如图 $1-1-2$ 所示；偶函数的图形关于 y 轴对称，如图 $1-1-3$ 所示.

例如，$x, x^3, \sin x, \tan x$ 是奇函数；$x^2, |x|, \cos x$ 是偶函数.

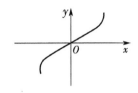

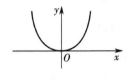

图 1 - 1 - 2   图 1 - 1 - 3

2. 函数的单调性

对于函数定义域 D 内某区间 I 内任意点 x_1, x_2, 当 $x_1 < x_2$ 时, 如果总有 $f(x_1) < f(x_2)$, 则称函数 $f(x)$ 在区间 I 是增函数(或称单调递增); 当 $x_1 < x_2$ 时, 总有 $f(x_1) > f(x_2)$, 则称函数 $f(x)$ 在区间 I 是减函数(或称单调递减). 单调递增或单调递减区间统称为单调区间.

增函数的图形是上升的, 如图 1 - 1 - 4 所示; 减函数的图形是下降的, 如图 1 - 1 - 5 所示.

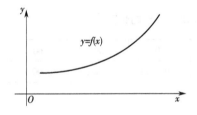

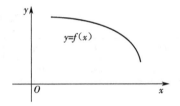

图 1 - 1 - 4   图 1 - 1 - 5

例如, 函数 $y = 2^x$ 在区间 $(-\infty, +\infty)$ 是增函数, $y = \left(\dfrac{1}{2}\right)^x$ 在区间 $(-\infty, +\infty)$ 是减函数, 如图 1 - 1 - 6 所示.

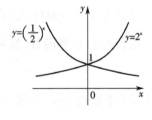

图 1 - 1 - 6

3.函数的周期性

如果有正数 T,对于定义域内的任意 x,总有 $f(x \pm T) = f(x)$,则称函数 $f(x)$ 是周期函数,称 T 是 $f(x)$ 的一个周期. 通常函数的周期是指最小正周期.

例如,$\sin x$,$\cos x$ 的周期都是 2π,如图 1 – 1 – 7 所示.

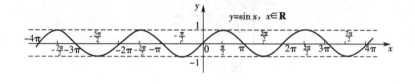

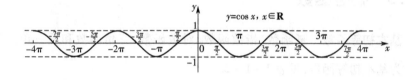

图 1 – 1 – 7

4.函数的有界性

设 I 是函数定义域的一个子集,如果有正数 M,对于 I 内的任意 x,总有 $|f(x)| \leq M$,则称函数 $f(x)$ 在 I 上有界.

例如,函数 $\sin x$ 在 $(-\infty, +\infty)$ 有界,因为 $|\sin x| \leq 1$;函数 x^3 在 $[-2, 2]$ 有界,因为当 $-2 \leq x \leq 2$ 时,$|x^3| \leq 8$.

1.1.4　反函数

定义　设函数 $y = f(x)$,$x \in D$ 的值域为 $f(D)$,若对于 $f(D)$ 中每一个值 y,D 中有唯一确定的值 x 使得 $f(x) = y$,就在 $f(D)$ 上定义一个函数,并称其为函数 $y = f(x)$ 的反函数,记为 $x = f^{-1}(y)$,$y \in f(D)$.

$y = f(x)$ 与 $x = f^{-1}(y)$ 互为反函数,习惯上把自变量记为 x,因变量记为 y,所以反函数也可写作 $y = f^{-1}(x)$. 相对于反函数 $y = f^{-1}(x)$ 而言,原来的函

数 $y = f(x)$ 称为直接函数. 容易看出, 在同一坐标平面上, 反函数与直接函数的图像关于直线 $y = x$ 对称, 如图 $1-1-8$ 所示.

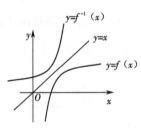

图 $1-1-8$

1.1.5 初等函数

基本初等函数 幂函数、指数函数、对数函数、三角函数和反三角函数统称为基本初等函数, 见表 $1-1-2$.

表 $1-1-2$ **基本初等函数**

函　数	图　形
幂函数 $y = x^{\alpha}$ (α 是常数, $\alpha \in \mathbf{R}$) 定义域和值域随 α 的值而定	
指数函数 $y = a^x$ (a 是常数, $a > 0$, 且 $a \neq 1$) 定义域 $(-\infty, +\infty)$, 值域 $(0, +\infty)$	$a > 1$　　$0 < a < 1$
对数函数 $y = \log_a x$ (a 是常数, $a > 0$, 且 $a \neq 1$) 定义域 $(0, +\infty)$, 值域 $(-\infty, +\infty)$	$a > 1$　　$0 < a < 1$

续表

函　数	图　形
正弦函数 $y = \sin x$ 定义域 $(-\infty, +\infty)$，值域 $[-1, 1]$	
余弦函数 $y = \cos x$ 定义域 $(-\infty, +\infty)$，值域 $[-1, 1]$	
正切函数 $y = \tan x$ 定义域 $\left\{ x \mid x \in \mathbf{R}, x \neq k\pi + \dfrac{\pi}{2}, k \in \mathbf{Z} \right\}$， 值域 $(-\infty, +\infty)$	
余切函数 $y = \cot x$ 定义域 $\{ x \mid x \in \mathbf{R}, x \neq k\pi, k \in \mathbf{Z} \}$， 值域 $(-\infty, +\infty)$	
正割函数 $y = \sec x$ 定义域 $\left\{ x \mid x \in \mathbf{R}, x \neq k\pi + \dfrac{\pi}{2}, k \in \mathbf{Z} \right\}$， 值域 $(-\infty, -1] \cup [1, +\infty)$	
余割函数 $y = \csc x$ 定义域 $\{ x \mid x \in \mathbf{R}, x \neq k\pi, k \in \mathbf{Z} \}$， 值域 $(-\infty, -1] \cup [1, +\infty)$	

三角函数

函　数	图　形
反正弦函数 $y = \arcsin x$,它是 $y = \sin x$ 在 $x \in \left[-\dfrac{\pi}{2}, \dfrac{\pi}{2} \right]$ 的反函数 定义域 $[-1,1]$,值域 $\left[-\dfrac{\pi}{2}, \dfrac{\pi}{2} \right]$	
反余弦函数 $y = \arccos x$,它是 $y = \cos x$ 在 $x \in [0,\pi]$ 的反函数 定义域 $[-1,1]$,值域 $[0,\pi]$	
反正切函数 $y = \arctan x$,它是 $y = \tan x$ 在 $x \in \left(-\dfrac{\pi}{2}, \dfrac{\pi}{2} \right)$ 的反函数 定义域 $(-\infty, +\infty)$,值域 $\left(-\dfrac{\pi}{2}, \dfrac{\pi}{2} \right)$	
反余切函数 $y = \operatorname{arccot} x$,它是 $y = \cot x$ 在 $x \in (0,\pi)$ 的反函数 定义域 $(-\infty, +\infty)$,值域 $(0,\pi)$	

反三角函数

复合函数 设函数 $y = \sqrt{u}$，$u = 1 + x$，由它们组合得到的新函数 $y = \sqrt{1+x}$ 称为由这两个函数构成的复合函数.

一般地，如果函数 $u = g(x)$ 的某些输出可以作为函数 $y = f(u)$ 的输入，则由 $f(u)$ 和 $g(x)$ 组合成的函数 $f[g(x)]$ 称为由 $f(u)$ 和 $g(x)$ 构成的复合函数.

例3 写出构成下列复合函数的简单函数（即常数或基本初等函数或它们通过加、减、乘、除运算组合得到的函数）：

$(1) y = \cos 2^x$； $(2) y = e^{(x+1)^2}$.

解 $(1) y = \cos u$，$u = 2^x$；

   $(2) y = e^u$，$u = v^2$，$v = x + 1$.

初等函数 由常数和基本初等函数经过有限次四则运算或有限次复合所形成的能用一个式子表示的函数称为初等函数.

例如，下面的函数都是初等函数：

$$y = \sqrt[3]{\cos x}, y = \ln x^2, y = 2^{\arctan x}, y = \frac{x^2 + 2x - 3}{\tan x}.$$

本书中讨论的函数一般都是初等函数.

习题 1.1

1. 求下列函数的定义域：

$(1) y = \dfrac{\sqrt{16 - x^2}}{\lg(3 - x)}$； $(2) y = \dfrac{1}{x^2 - 3x + 2}$.

2. 判断下列函数的奇偶性：

$(1) y = x^5 - 4x^3 - 7x$； $(2) f(x) = x \sin x$；

$(3) y = \cos x - x\sin x$； $(4) g(x) = e^x - e^{-x}$.

3. 指出下列各复合函数的复合过程：

$(1) y = e^{\sin\left(2x - \frac{\pi}{4}\right)}$;　　$(2) y = 2^{\sqrt{\sin x}}$;

$(3) y = \ln \tan^2 2x$;　　$(4) y = \sqrt{\cos(2x + 1)}$.

4. 求下列函数的反函数：

$(1) y = \sqrt{1 + x}$;　　$(2) y = \ln(x - 1)$.

5. 设 $f(x) = \begin{cases} x^2 - 1, & 0 \leq x < 1, \\ 0, & x = 1, \\ \sqrt{x - 1}, & 1 < x < 2, \end{cases}$　求 $f(0), f(1), f\left(\dfrac{5}{4}\right)$.

1.2　极限的概念及其性质

1.2.1　极限的概念

本书只给出极限的一种不严格的定义(见表 $1-2-1$),可结合图形直观地初步认识这些极限概念.

表 $1-2-1$　极限的概念

极限种类	极限定义	极限记号	极限示例
数列极限	当项 n 无限增大时, 数列的项 $\{x_n\}$ 无限接近于常数 A	$\lim\limits_{n\to\infty} x_n = A$ $x_n \to A (n\to\infty)$	$\lim\limits_{n\to\infty} \dfrac{1}{2^n} = 0, \lim\limits_{n\to\infty} \dfrac{n}{n+1} = 1$
$x \to +\infty$ 时 函数的极限	当 x 无限增大时,函数 $f(x)$ 的值无限接近于常数 A	$\lim\limits_{x\to +\infty} f(x) = A$ $f(x) \to A (x\to +\infty)$	$\lim\limits_{x\to +\infty}\left(\dfrac{1}{2}\right)^x = 0,$ $\lim\limits_{x\to +\infty} \arctan x = \dfrac{\pi}{2}$

续表

极限种类	极限定义	极限记号	极限示例
$x \to -\infty$ 时函数的极限	当 $x < 0$ 且 $\lvert x \rvert$ 无限增大时,函数 $f(x)$ 的值无限接近于常数 A	$\lim\limits_{x \to -\infty} f(x) = A$ $f(x) \to A (x \to -\infty)$	$\lim\limits_{x \to -\infty} 2^x = 0$, $\lim\limits_{x \to -\infty} \arctan x = -\dfrac{\pi}{2}$
$x \to \infty$ 时函数的极限	当 $\lvert x \rvert$ 无限增大时,函数 $f(x)$ 的值无限接近于常数 A	$\lim\limits_{x \to \infty} f(x) = A$ $f(x) \to A (x \to \infty)$	$\lim\limits_{x \to \infty} \dfrac{1}{x} = 0$, $\lim\limits_{x \to \infty} \arctan x$ 不存在
$x \to x_0$ 时函数的极限	当 x 无限接近于 x_0 时,函数 $f(x)$ 的值无限接近于常数 A	$\lim\limits_{x \to x_0} f(x) = A$ $f(x) \to A (x \to x_0)$	$\lim\limits_{x \to 2} x^2 = 4$, $\lim\limits_{x \to 0} \dfrac{1}{x}$ 不存在
$x \to x_0$ 时函数的右极限	当 $x > x_0$ 且 x 无限接近于 x_0 时,函数 $f(x)$ 的值无限接近于常数 A	$\lim\limits_{x \to x_0^+} f(x) = A$ $f(x_0 + 0) = A$	$f(x) = \begin{cases} x+1, & x<1, \\ x-1, & x \geqslant 1, \end{cases}$ $\lim\limits_{x \to 1^+} f(x) = 0$
$x \to x_0$ 时函数的左极限	当 $x < x_0$ 且 x 无限接近于 x_0 时,函数 $f(x)$ 的值无限接近于常数 A	$\lim\limits_{x \to x_0^-} f(x) = A$ $f(x_0 - 0) = A$	$f(x) = \begin{cases} x+1, & x<1, \\ x-1, & x \geqslant 1, \end{cases}$ $\lim\limits_{x \to 1^-} f(x) = 2$
$P \to P_0$ 时函数的极限	当点 $P(x, y)$ 无限接近于 $P_0(x_0, y_0)$ 时,函数 $f(x, y)$ 的值无限接近于常数 A	$\lim\limits_{P \to P_0} f(x, y) = A$	$\lim\limits_{(x,y) \to (0,1)} (x^2 + y^2) = 1$

先看下面的数列:

$(1) x_n = \dfrac{1}{2^{n-1}}$,即 $1, \dfrac{1}{2}, \dfrac{1}{4}, \dfrac{1}{8}, \dfrac{1}{16}, \cdots, \dfrac{1}{2^{n-1}}, \cdots$;

$(2) x_n = 1 - \dfrac{1}{2^{n-1}}$,即 $0, \dfrac{1}{2}, \dfrac{3}{4}, \dfrac{7}{8}, \dfrac{15}{16}, \cdots, 1 - \dfrac{1}{2^{n-1}}, \cdots$;

$(3) x_n = \dfrac{(-1)^n}{n}$，即 $-1, \dfrac{1}{2}, -\dfrac{1}{3}, \dfrac{1}{4}, \cdots, \dfrac{(-1)^n}{n}, \cdots$.

我们在数轴上表示这几个数列的点,如图 $1-2-1$ 所示.

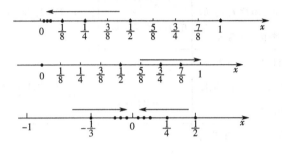

图 $1-2-1$

可以看出,当 $n \to \infty$ 时,这几个数列的变化情况是不一样的,数列(1)随着 n 的无限增大,$\dfrac{1}{2^{n-1}}$ 无限接近于常数 0;数列(2)随着 n 的无限增大,$1 - \dfrac{1}{2^{n-1}}$ 无限接近于常数 1;数列(3)随着 n 的无限增大,$\dfrac{(-1)^n}{n}$ 无限接近于常数 0.

再看函数的极限,以函数 $y = \left(\dfrac{1}{2}\right)^x$ 和 $y = 2^x$ 为例,观察当 $x \to \infty$ 时函数的变化,如图 $1-2-2$ 所示.

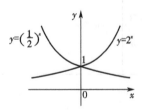

图 $1-2-2$

由上面极限的定义可知

$$\lim_{x \to \infty} f(x) = A \Leftrightarrow \lim_{x \to +\infty} f(x) = \lim_{x \to -\infty} f(x) = A. \qquad (1)$$

$$\lim_{x \to x_0} f(x) = A \Leftrightarrow \lim_{x \to x_0^+} f(x) = \lim_{x \to x_0^-} f(x) = A. \qquad (2)$$

— 12 —

（2）式表明函数 $f(x)$ 在点 x_0 存在极限的充分必要条件是 $f(x)$ 在点 x_0 的左、右极限都存在而且相等，一般求分段函数在分界点处的极限时需要讨论左、右极限.

例　设函数 $f(x) = \begin{cases} -x, & x < 0, \\ 1, & x = 0, \\ x, & x > 0, \end{cases}$ 讨论 $\lim\limits_{x \to 0} f(x)$ 是否存在.

解　因为 $\lim\limits_{x \to 0^-} f(x) = \lim\limits_{x \to 0^-} (-x) = 0$, $\lim\limits_{x \to 0^+} f(x) = \lim\limits_{x \to 0^+} x = 0$, $\lim\limits_{x \to 0^-} f(x) = \lim\limits_{x \to 0^+} f(x)$, 所以 $\lim\limits_{x \to 0} f(x) = 0$.

值得指出的是，函数 $f(x)$ 在点 x_0 是否有极限或极限是多少，与 $f(x)$ 在 x_0 处的定义情况（是否有定义，函数值是多少）无关.

1.2.2　极限的性质

性质 1（极限唯一性）　如果极限 $\lim\limits_{x \to *} f(x)$ 存在，则这个极限是唯一的.

性质 2（极限保号性）　如果 $\lim\limits_{x \to *} f(x) = A$，且当 x 充分接近于 $*$ 时，恒有 $f(x) \geq 0 (\leq 0)$，则 $A \geq 0 (\leq 0)$.

性质 3（局部保号性）　如果 $\lim\limits_{x \to *} f(x) = A$，且有 $A > 0 (< 0)$，则当 x 充分接近于 $*$ 时，恒有 $f(x) > 0 (< 0)$.

注　$x \to *$ 代表 x 的某种变化过程，如 $x \to \infty$，$x \to x_0$ 等；对于 x 的不同变化过程，可对"x 充分接近于 $*$"作不同的具体解释. 如当 $x \to \infty$ 时，"x 充分接近于 $*$"是指 $|x|$ 充分大. 以下同.

习题 1.2

1. 观察下列函数图形，指出当 $x \to \infty$ 或 $x \to +\infty$ 或 $x \to -\infty$ 时，哪些函数有极限.

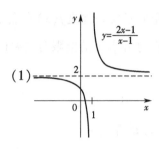
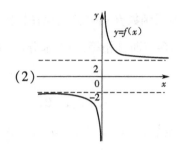

(1)   (2)

2. 观察下列函数图形,指出函数在点 $x=0$ 的极限.

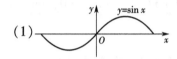
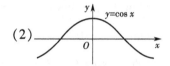

(1)   (2)

3. 观察下列函数图形,指出在 $x=1$ 处,哪些函数有极限或左极限或右极限.

$$(1)f(x)=\begin{cases} x^2, & x<1, \\ 2-x, & x\geq 1; \end{cases} \qquad (2)g(x)=\begin{cases} x^2, & x<1, \\ \dfrac{1}{x-1}, & x\geq 1; \end{cases}$$

$$(3)h(x)=\begin{cases} x^2, & x<1, \\ 3-x, & x\geq 1. \end{cases}$$

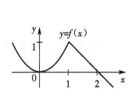
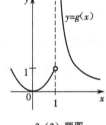
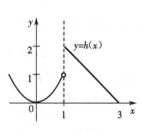

3 (1) 题图   3 (2) 题图   3 (3) 题图

— 14 —

4. 设函数 $f(x) = \begin{cases} x+1, x<0, \\ 0, x=0, \\ (x-1)^2, x>0, \end{cases}$ 试求 $\lim\limits_{x\to 0} f(x)$.

1.3 极限的运算

1.3.1 极限的代数运算法则

定理 1 对于相同的自变量变化过程(这里省去不写),如果 $\lim f(x) = A, \lim g(x) = B$,则

(1) $\lim[f(x) + g(x)] = \lim f(x) + \lim g(x) = A + B$;

(2) $\lim[f(x) - g(x)] = \lim f(x) - \lim g(x) = A - B$;

(3) $\lim[f(x) \cdot g(x)] = \lim f(x) \cdot \lim g(x) = A \cdot B$;

特别地,有

$$\lim[c \cdot f(x)] = c \cdot \lim f(x) \, (c \text{ 是常数});$$

(4) 如果再有 $B \neq 0$,则 $\lim \dfrac{f(x)}{g(x)} = \dfrac{\lim f(x)}{\lim g(x)} = \dfrac{A}{B}$;

(5) 如果 s、t 是整数,且 $s \neq 0$,则

$$\lim[f(x)]^{t/s} = [\lim f(x)]^{t/s} = A^{t/s}, \text{只要 } A^{t/s} \text{ 是实数}.$$

例 1 求 $\lim\limits_{x\to -1} \dfrac{x^2 - 2}{3x^2 - 1}$.

解 $\lim\limits_{x\to -1} \dfrac{x^2 - 2}{3x^2 - 1} = \dfrac{\lim\limits_{x\to -1}(x^2 - 2)}{\lim\limits_{x\to -1}(3x^2 - 1)} = \dfrac{\lim\limits_{x\to -1} x^2 - 2}{\lim\limits_{x\to -1} 3x^2 - 1} = \dfrac{1 - 2}{3 - 1} = -\dfrac{1}{2}$.

例 2 求 $\lim\limits_{n\to\infty} \dfrac{3n - 1}{2n + 3}$.

解　$\lim\limits_{n \to \infty}\dfrac{3n-1}{2n+3} = \lim\limits_{n \to \infty}\dfrac{3-\dfrac{1}{n}}{2+\dfrac{3}{n}} = \dfrac{3}{2}.$

例3　求 $\lim\limits_{x \to \infty}\dfrac{x-1}{2x^2-3x+1}.$

解　$\lim\limits_{x \to \infty}\dfrac{x-1}{2x^2-3x+1} = \lim\limits_{x \to \infty}\dfrac{\dfrac{1}{x}-\dfrac{1}{x^2}}{2-\dfrac{3}{x}+\dfrac{1}{x^2}} = 0.$

思考　你能从例2和例3中归纳出一个一般性的结论吗?

例4　求 $\lim\limits_{x \to 1}\dfrac{x^2-1}{x-1}.$

解　$\lim\limits_{x \to 1}\dfrac{x^2-1}{x-1} = \lim\limits_{x \to 1}\dfrac{(x+1)(x-1)}{x-1} = \lim\limits_{x \to 1}(x+1) = 1+1 = 2.$

例5　求 $\lim\limits_{x \to 1}\dfrac{x^2-2x+1}{x^2-1}.$

解　$\lim\limits_{x \to 1}\dfrac{x^2-2x+1}{x^2-1} = \lim\limits_{x \to 1}\dfrac{(x-1)^2}{(x+1)(x-1)} = \lim\limits_{x \to 1}\dfrac{x-1}{x+1} = 0.$

思考　你能从例4和例5中归纳出一个一般性的结论吗?

例6　求 $\lim\limits_{x \to 1}\left(\dfrac{1}{1-x} - \dfrac{3}{1-x^3}\right)$

解　$\lim\limits_{x \to 1}\left(\dfrac{1}{1-x} - \dfrac{3}{1-x^3}\right) = \lim\limits_{x \to 1}\dfrac{1+x+x^2-3}{1-x^3}$

$$= \lim\limits_{x \to 1}\dfrac{(x-1)(x+2)}{(1-x)(1+x+x^2)}$$

$$= -\lim\limits_{x \to 1}\dfrac{x+2}{1+x+x^2}$$

$$= -1.$$

例2和例3中的函数的分子和分母都没有极限,例4中的函数的分母趋于零(分子也趋于零),都不能直接应用商的极限的运算法则,需要先将函数变形. 例 2 和例 3 是分子、分母同除以一个未知数的最高次幂,例 4 和例 5 是分解因式并约分,例 6 是先通分再因式分解并约分.

练习题

求下列极限:

(1) $\lim\limits_{x \to \infty}\left(3 - \dfrac{1}{x} - \dfrac{2}{x^2}\right)$;　　　(2) $\lim\limits_{x \to \infty}\dfrac{3x^2 - 2x + 1}{2x^2 + 3x - 1}$;

(3) $\lim\limits_{x \to \infty}\dfrac{2x^2 - 3x + 4}{3x^3 + 3x - 1}$;　　　(4) $\lim\limits_{x \to 0}\dfrac{x^3 - 2x^2 + x}{3x^2 + 2x}$;

(5) $\lim\limits_{x \to 1}\left(\dfrac{2}{x^2 - 1} - \dfrac{1}{x - 1}\right)$;　　　(6) $\lim\limits_{x \to 1}\dfrac{(x + 1)(x - 2)}{x^2}$.

1.3.2　无穷小与无穷大

1. 无穷小

1) 无穷小的概念

在微积分中常常要讨论极限为零的量,这种量称为无穷小.

定义 1(无穷小)　如果 $\lim\limits_{x \to *}f(x) = 0$,则称 $f(x)$ 当 $x \to *$ 时是无穷小(量).

例 7　因为 $\lim\limits_{x \to \infty}\dfrac{1}{x} = 0$,所以 $\dfrac{1}{x}$ 当 $x \to \infty$ 时是无穷小;因为 $\lim\limits_{x \to 1}(x - 1) = 0$,所以 $x - 1$ 当 $x \to 1$ 时是无穷小.

2) 无穷小的性质

性质 1　有限个无穷小的和、差、积仍是无穷小.

性质 2　无穷小与有界量的乘积是无穷小.

性质 2 还可以表述为如果 $\lim\limits_{x\to *}f(x)=0$，$|g(x)|\le M$（$M$ 是非负实数），则 $\lim\limits_{x\to *}[f(x)\cdot g(x)]=0$.

例 8 求极限 $\lim\limits_{x\to 0}x\cdot\cos\dfrac{1}{x}$.

解 因为 $\lim\limits_{x\to 0}x=0$，$\left|\cos\dfrac{1}{x}\right|\le 1$，根据性质 2，得 $\lim\limits_{x\to 0}x\cdot\cos\dfrac{1}{x}=0$.

在 1.3.1 节已经知道，这个极限不能使用极限的四则运算法则来计算.

2. 无穷大

考察函数 $\dfrac{1}{x}$ 当 $x\to 0$ 时函数的变化情况. 显然当 $x\to 0$ 时，恒有 $\left|\dfrac{1}{x}\right|$ 任意大.

定义 2（无穷大） 如果当 $x\to *$ 时，恒有 $|f(x)|$ 任意大，就说 $f(x)$ 当 $x\to *$ 时是无穷大（量），记作

$$\lim_{x\to *}f(x)=\infty \text{ 或 } f(x)\to\infty\ (x\to *).$$

无穷小与无穷大的关系：如果 $f(x)$ 当 $x\to *$ 时是无穷大，则 $1/f(x)$ 当 $x\to *$ 时是无穷小；如果 $f(x)(f(x)\ne 0)$ 当 $x\to *$ 时是无穷小，则 $1/f(x)$ 当 $x\to *$ 时是无穷大.

也就是说，在同一自变量变化过程中，无穷大的倒数是无穷小，（非零）无穷小的倒数是无穷大.

我们常根据这种关系利用无穷小来确定无穷大.

例 9 因为 $\lim\limits_{x\to 1}(x-1)=0$，即 $x-1$ 当 $x\to 1$ 时是无穷小，所以 $\dfrac{1}{x-1}$ 当 $x\to 1$ 时是无穷大，即 $\lim\limits_{x\to 1}\dfrac{1}{x-1}=\infty$.

思考 如果 $\lim\limits_{x\to *}p(x)=A\ne 0$，$\lim\limits_{x\to *}q(x)=0$，则 $\lim\limits_{x\to *}\dfrac{p(x)}{q(x)}=\infty$，对吗？为

什么?

练习题

下列变量中,哪个是无穷小? 哪个是无穷大?

(1) $100\,x^2\,(x\to 0)$;　　　(2) $\dfrac{2x-1}{x}\,(x\to 0)$;

(3) $1-\cos x\,(x\to 0)$;　　(4) $\dfrac{1}{x-1}\,(x\to -\infty)$.

1.3.3　两个重要极限

以下两个极限在微积分中具有基础性地位.

(1) $\lim\limits_{x\to 0}\dfrac{\sin x}{x}=1$(图 1 – 3 – 1).

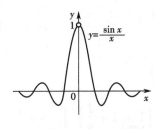

图 1 – 3 – 1

这个极限是"$\dfrac{0}{0}$"型极限,一般情况下还可以把它形象地写成

$$\lim_{\Delta\to 0}\frac{\sin \Delta}{\Delta}=1(\Delta\text{ 代表同一变量}).$$

例 10　求 $\lim\limits_{x\to 0}\dfrac{\sin 2x}{\sin 3x}$.

解　$\lim\limits_{x\to 0}\dfrac{\sin 2x}{\sin 3x}=\lim\limits_{x\to 0}\dfrac{\sin 2x}{2x}\cdot\dfrac{3x}{\sin 3x}\cdot\dfrac{2}{3}=\dfrac{2}{3}$.

例 11 求 $\lim\limits_{x\to 0}\dfrac{\tan x}{x}$.

解 $\lim\limits_{x\to 0}\dfrac{\tan x}{x}=\lim\limits_{x\to 0}\dfrac{\sin x}{x}\cdot\dfrac{1}{\cos x}=\lim\limits_{x\to 0}\dfrac{\sin x}{x}\lim\limits_{x\to 0}\dfrac{1}{\cos x}=1.$

(2) $\lim\limits_{x\to\infty}\left(1+\dfrac{1}{x}\right)^{x}=\mathrm{e}$(图 1 - 3 - 2)或 $\lim\limits_{x\to 0}(1+x)^{\frac{1}{x}}=\mathrm{e}$(图 1 - 3 - 3). 其

中,e 是一个无理数,e = 2.718 281 828 459 045⋯. 这个极限属于"1^{∞}"型

极限.

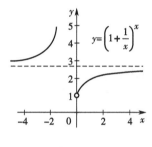

图 1 - 3 - 2

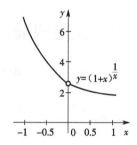

图 1 - 3 - 3

例 12 求 $\lim\limits_{x\to\infty}\left(1+\dfrac{2}{x}\right)^{-x}$.

解 $\lim\limits_{x\to\infty}\left(1+\dfrac{2}{x}\right)^{-x}=\left[\lim\limits_{x\to\infty}\left(1+\dfrac{2}{x}\right)^{\frac{x}{2}}\right]^{-2}=\mathrm{e}^{-2}.$

例 13 求 $\lim\limits_{x\to 0}(1-2x)^{\frac{1}{x}}$.

解 $\lim\limits_{x\to 0}(1-2x)^{\frac{1}{x}}=\left\{\lim\limits_{x\to 0}\left[1+(-2x)\right]^{\frac{1}{-2x}}\right\}^{-2}=\mathrm{e}^{-2}.$

练习题

求下列函数的极限:

(1) $\lim\limits_{x\to 0}\dfrac{\sin 5x}{x}$;   (2) $\lim\limits_{x\to 0}\dfrac{1-\cos x}{x^{2}}$;

$(3) \lim\limits_{x \to \infty}\left(1 - \dfrac{1}{x}\right)^{3x}$;　　　　$(4) \lim\limits_{x \to 0}(1 + 2x)^{-3x}$.

1.3.4 无穷小的比较

定义 3 设 α 和 β 是同一个自变量变化过程(以下省略不写)中的两个无穷小.

(1)如果 $\lim \dfrac{\beta}{\alpha} = 0$,则称 β 是比 α 高阶的无穷小,记作 $\beta = o(\alpha)$;如果 β 是比 α 高阶的无穷小,也说 α 是比 β 低阶的无穷小.

(2)如果 $\lim \dfrac{\alpha}{\beta} = c \neq 0$,则称 β 与 α 是同阶的无穷小.

(3)如果 $\lim \dfrac{\alpha}{\beta} = 1$,则称 β 与 α 是等价无穷小,记作 $\alpha \sim \beta$.

例如,当 $x \to 0$ 时,$x, x^2, 2x$ 和 $\sin x$ 都是无穷小,且有 $\lim\limits_{x \to 0}\dfrac{x^2}{x} = 0$,$\lim\limits_{x \to 0}\dfrac{2x}{x} = 2$,$\lim\limits_{x \to 0}\dfrac{\sin x}{x} = 1$,因此 $x^2 = o(x)(x \to 0)$,说明 x^2 趋于零比 x 更快;$2x$ 与 x 是同阶无穷小,说明 $2x$ 与 x 趋于零的速率相差不大;$\sin x$ 与 x 是等价无穷小,说明 $\sin x$ 与 x 趋于零的速率十分接近.

根据下面的定理,可以利用等价无穷小,比较方便地求极限.

定理(等价无穷小代换) 如果 $\alpha \sim \alpha'$,$\beta \sim \beta'$,且 $\lim \dfrac{\alpha'}{\beta'}$ 存在,则

$$\lim \frac{\alpha}{\beta} = \lim \frac{\alpha'}{\beta'}.$$

注意 (1)相乘、相除的表达式可用等价无穷小替换,相加、相减不行.

(2)当 $x \to 0$ 时,常用的等价无穷小有:

$\sin \alpha x \sim \alpha x$,$\tan \alpha x \sim \alpha x$,$\arcsin \alpha x \sim \alpha x$,$\arctan \alpha x \sim \alpha x$,$1 - \cos x \sim \dfrac{x^2}{2}$,

$\ln(1+\alpha x) \sim \alpha x, \mathrm{e}^{\alpha x} - 1 \sim \alpha x, (1+x)^{\alpha} - 1 \sim \alpha x (\alpha \neq 0$ 且为常数$)$.

例 14 求 $\lim\limits_{x \to 0} \dfrac{\tan 3x}{\sin 2x}$.

解 因为当 $x \to 0$ 时, $\tan 3x \sim 3x, \sin 2x \sim 2x$, 所以

$$\lim\limits_{x \to 0} \frac{\tan 3x}{\sin 2x} = \lim\limits_{x \to 0} \frac{3x}{2x} = \frac{3}{2}.$$

例 15 求 $\lim\limits_{x \to 0} \dfrac{1 - \cos x}{x^2}$.

解 $\lim\limits_{x \to 0} \dfrac{1 - \cos x}{x^2} = \lim\limits_{x \to 0} \dfrac{2\sin^2 \dfrac{x}{2}}{x^2}$,

因为当 $x \to 0$ 时, $\sin^2 \dfrac{x}{2} \sim \left(\dfrac{x}{2}\right)^2$, 所以

$$\lim\limits_{x \to 0} \frac{1 - \cos x}{x^2} = \lim\limits_{x \to 0} \frac{2\sin^2 \dfrac{x}{2}}{x^2} = \lim\limits_{x \to 0} \frac{2\left(\dfrac{x}{2}\right)^2}{x^2} = \frac{1}{2}.$$

练习题

计算下列极限:

$(1)\ \lim\limits_{x \to \infty} \dfrac{\sin 2x}{\tan 5x}$;

$(2)\ \lim\limits_{x \to \infty} \dfrac{\ln(1+3x)}{\sin 2x}$;

$(3)\ \lim\limits_{x \to \infty} \dfrac{\sqrt{1+x} - 1}{2x}$;

$(4)\ \lim\limits_{x \to 0} \dfrac{1 - \cos x}{x \sin x}$.

习题 1.3

1. 求下列极限:

$(1)\ \lim\limits_{x \to \infty} \dfrac{x^2 + x}{x^3 - 3x^2 + 1}$;

$(2)\ \lim\limits_{x \to 4} \dfrac{x^2 - 3x - 4}{x^2 - x - 12}$;

(3) $\lim\limits_{x \to +\infty} \dfrac{\arctan x}{x}$;

(4) $\lim\limits_{x \to 0} \dfrac{\sin(-3x)}{5x}$;

(5) $\lim\limits_{x \to 0} \dfrac{1 - \cos 2x}{x \tan x}$;

(6) $\lim\limits_{x \to \infty} \left(1 - \dfrac{1}{x}\right)^{3x}$;

(7) $\lim\limits_{x \to 0} (1 + 2x)^{\frac{1}{x}}$;

(8) $\lim\limits_{x \to \infty} \left(\dfrac{1 + 2x}{2x}\right)^{2x}$;

(9) $\lim\limits_{x \to 0} \dfrac{x \ln(1 + x^2)}{\sin^3 x}$;

2. 已知 $\lim\limits_{x \to 3} \dfrac{x^2 - 2x + k}{x - 3} = 4$，求 k 的值.

1.4　函数的连续性

1.4.1　函数连续的概念

　　一个变量连续变化是指它不会从一个值跳跃到另一个值而取不到这两个值中间的值. 函数连续的实质就是当自变量的变化充分小时,函数变化任意小. 我们用增量来描述一个变量的变化.

　　增量　设变量 u 从初值 u_1 变到终值 u_2,称 $u_2 - u_1$ 为 u 的增量,记为 Δu,即

$$\Delta u = u_2 - u_1 \text{ 或 } u_2 = u_1 + \Delta u.$$

　　设函数 $y = f(x)$ 在点 x_0 及其附近有定义,当 x 从 x_0 变化到 $x_0 + \Delta x (\Delta x$ 为自变量 x 的增量)时,函数 y 相应地从 $f(x_0)$ 变化到 $f(x_0 + \Delta x)$,则函数增量为

$$\Delta y = f(x_0 + \Delta x) - f(x_0).$$

　　定义 1(函数在某点连续)　设函数 $y = f(x)$ 在点 x_0 及其附近有定义. 如果当自变量 x 在 x_0 的增量 $\Delta x \to 0$ 时,函数增量 $\Delta y \to 0$,即

$$\lim_{\Delta x \to 0} \Delta y = \lim_{\Delta x \to 0} [f(x_0 + \Delta x) - f(x_0)] = 0, \tag{1}$$

则称函数 $y = f(x)$ 在点 x_0 连续,这时 x_0 称为 $f(x)$ 的连续点,如图 1 - 4 - 1(a) 所示. 如果 x_0 不能使式(1)成立,就说 x_0 是 $f(x)$ 的不连续点,也称为间断点, 如图 1 - 4 - 1(b) 所示.

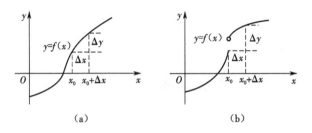

图 1 - 4 - 1

令 $x = x_0 + \Delta x$,则当 $\Delta x \to 0$ 时,$x \to x_0$,式(1)成为 $\lim_{x \to x_0} [f(x) - f(x_0)] = 0$, 即 $\lim_{x \to x_0} f(x) = f(x_0)$,于是得到下面的定义.

定义 2 如果函数 $y = f(x)$ 满足

$$\lim_{x \to x_0} f(x) = f(x_0), \tag{2}$$

则称 $y = f(x)$ 在点 x_0 连续.

左连续与右连续 如果 $\lim_{x \to x_0^+} f(x) = f(x_0)$ ($\lim_{x \to x_0^-} f(x) = f(x_0)$),则称 $y = f(x)$ 在点 x_0 右(左)连续. 显然,函数 $f(x)$ 在点 x_0 连续的充要条件是 $f(x)$ 在点 x_0 既左连续又右连续,即

$$\lim_{x \to x_0^-} f(x) = f(x_0) = \lim_{x \to x_0^+} f(x).$$

函数在一个区间连续 如果函数 $f(x)$ 在开区间 (a,b) 内任意点 x 连续, 则称 $f(x)$ 在开区间 (a,b) 内连续.

如果 $f(x)$ 在开区间 (a,b) 内连续,且在左端点 a 右连续,在右端点 b 左连续,则称 $f(x)$ 在闭区间 $[a,b]$ 上连续.

如果函数 $f(x)$ 在区间 I 连续,则称 I 为 $f(x)$ 的连续区间.

例1 函数 $\dfrac{x^2}{x}$,$\dfrac{1}{x}$ 和 $\sin\dfrac{1}{x}$(图 $1-4-2$)在点 $x=0$ 无定义,因此它们在点 $x=0$ 不连续,即 $x=0$ 是间断点. 它们的连续区间是 $(-\infty,0)$ 和 $(0,+\infty)$. 三个函数在 $x=0$ 不连续,当 $x\to0$ 时,$\dfrac{x^2}{x}\to0$,$\dfrac{1}{x}\to\infty$,$\sin\dfrac{1}{x}$ 无限振荡,$x=0$ 依次称为这三个函数的可去间断点(在该点有极限)、无穷间断点和振荡间断点.

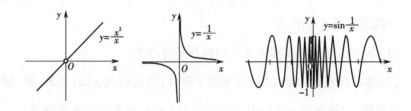

图 $1-4-2$

例2 函数 $f(x)=\begin{cases}x+1,\ -2\leqslant x<0,\\ x-1,\ 0\leqslant x\leqslant2,\end{cases}$ 在点 $x=0$ 不存在极限(因为 $\lim\limits_{x\to0^-}f(x)=1$,$\lim\limits_{x\to0^+}f(x)=-1$),因此 $f(x)$ 在点 $x=0$ 不连续,则 $f(x)$ 的连续区间是 $[-2,0)$ 和 $(0,2]$(图 $1-4-3$).$f(x)$ 在 $x=0$ 的左、右极限都存在但不相等,$x=0$ 称为 $f(x)$ 的跳跃间断点.

例3 对于函数 $g(x)=\begin{cases}x,x\neq0,\\ 1,x=0,\end{cases}$ 有 $\lim\limits_{x\to0}g(x)=0\neq1=g(0)$,因此 $g(x)$ 在点 $x=0$ 不连续(图 $1-4-4$).$x=0$ 是 $g(x)$ 的可去间断点.

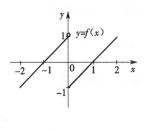 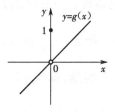

图 1 - 4 - 3   图 1 - 4 - 4

1.4.2　初等函数的连续性

可以证明下述结论.

(1)基本初等函数在其定义区间内都是连续的.

(2)如果函数 $f(x)$ 和 $g(x)$ 在某点 x 连续,则 $f(x)$ 与 $g(x)$ 的和、差、积在点 x 也连续;如果还有 $g(x) \neq 0$,则 $f(x)$ 除以 $g(x)$ 的商在点 x 也连续.

(3)如果函数 $u = \varphi(x)$ 在点 x 连续,$y = f(u)$ 在 $u = \varphi(x)$ 连续,且 x 是复合函数 $y = f[\varphi(x)]$ 定义区间内的一点,则复合函数 $y = f[\varphi(x)]$ 在点 x 连续.

(4)在某区间单调连续的函数的反函数在对应区间也是单调连续的.

由于初等函数是由常数和基本初等函数通过有限次四则运算或有限次复合形成的能用一个式子表示的函数,因此根据基本初等函数的连续性,函数的和、差、积、商的连续性以及复合函数的连续性可以得到如下初等函数的连续性.

定理　一切初等函数在其定义区间内都是连续的.

1.4.3　闭区间上连续函数的性质

定理 1(最大值和最小值定理)　如果函数 $y = f(x)$ 在闭区间 $[a, b]$ 上连续,则 $y = f(x)$ 在 $[a,b]$ 上必存在最大值和最小值.

　　定理2(介值定理)　如果函数 $y = f(x)$ 在闭区间 $[a,b]$ 上连续,m 和 M 分别是 $f(x)$ 在 $[a,b]$ 上的最小值和最大值,则对于任意 $\mu \in [m,M]$,至少存在点 $\xi \in (a,b)$,使 $f(\xi) = \mu$,如图 $1 - 4 - 5$ 所示.

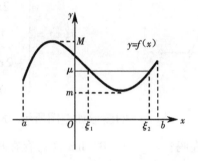

图 $1 - 4 - 5$

　　介值定理说明,在闭区间上连续的函数 $f(x)$ 的值域也是一个闭区间 $[m, M]$.

　　定理3(零点定理)　如果函数 $y = f(x)$ 在闭区间 $[a,b]$ 上连续,且 $f(a)f(b) < 0$,则必有 $c \in (a,b)$,使 $f(c) = 0$.

　　零点定理的几何意义:两个端点分别在 x 轴上方和下方的连续曲线弧必然与 x 轴有交点,如图 $1 - 4 - 6$ 所示.

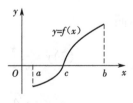

图 $1 - 4 - 6$

习题 1.4

1. 设函数

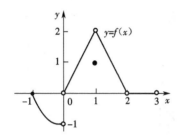

$$f(x) = \begin{cases} x^2 - 1, & -1 \leqslant x < 0 \\ 2x, & 0 < x < 1 \\ 1, & x = 1 \\ -2x + 4, & 1 < x < 2 \\ 0, & 2 < x < 3 \end{cases}$$

1 题

的图形如左图所示. 试回答下列问题.

(1) A. $f(-1)$ 存在吗? B. $\lim\limits_{x \to -1^+} f(x)$ 存在吗?

C. $\lim\limits_{x \to -1^+} f(x) = f(-1)$ 吗? D. 函数 $f(x)$ 在点 $x = -1$ 连续吗?

(2) A. $f(1)$ 存在吗? B. $\lim\limits_{x \to 1} f(x)$ 存在吗?

C. $\lim\limits_{x \to 1} f(x) = f(1)$ 吗? D. 函数 $f(x)$ 在点 $x = 1$ 连续吗?

(3) A. 函数 $f(x)$ 在点 $x = 2$ 有定义吗?

B. 函数 $f(x)$ 在点 $x = 2$ 连续吗?

2. 找出下列函数的全部间断点:

(1) $y = \dfrac{x-2}{x^2 - 4x + 3}$; (2) $y = \dfrac{x}{\sin x}$.

3. 求下列函数的连续区间:

(1) $y = \ln|x + 2|$; (2) $y = \dfrac{x-2}{x^2 - 4x + 3}$;

(3) $y = \dfrac{1}{\sqrt{3-x}}$; (4) $y = \sqrt{4x^2 - 1}$.

第 2 章　导数与微分

　　导数与微分是微分学中两个最基本的概念,是高等数学的重要组成部分。导数描述函数相对于自变量变化的快慢程度,即函数的变化率;微分描述当自变量有微小变化时,函数改变量的变化情况。本章将在函数极限的基础上研究微分学的主要内容——函数的导数与微分。

2.1　导数的概念

2.1.1　变速直线运动的速度

　　在数学史上,变速直线运动的速度是导致微积分创立的主要问题之一.

　　设一物体作直线运动,我们在它运动的直线上建立数轴,则它的位置坐标 s 为时刻 t 的函数,即 $s = s(t)$,称其为位置函数. 由于 $s(t)$ 就是起点为 $s(0)$ 的位移,因此也称 $s(t)$ 为位移函数. 当时刻 t 从 t_0 变化到 $t_0 + \Delta t$ 时,物体的位移(图 $2-1-1$)为

$$\Delta s = s(t_0 + \Delta t) - s(t_0).$$

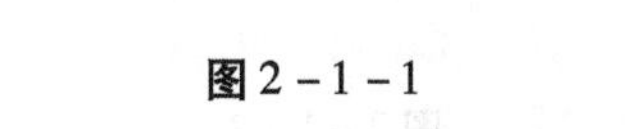

图 $2-1-1$

当物体作匀速直线运动时,它的速度为 $v = \dfrac{\Delta s}{\Delta t}$(速度 = 位移 ÷ 时间);当物体作变速直线运动(即在各个时刻的速度不尽相同)时,为了定义物体在时刻 t_0 的速度 v,取一段很小的时间 Δt,则在时间 Δt 内速度变化也很小,可用一个不变的速度 $\bar{v} = \Delta s / \Delta t$ 近似代替 v,$\bar{v}$ 称为(在 Δt 内的)平均速度. Δt 越接近于 0,$\bar{v}$ 与 v 越接近. 如果当 $\Delta t \to 0$ 时,$\bar{v}$ 有极限,即

$$v = \lim_{\Delta t \to 0} \bar{v} = \lim_{\Delta t \to 0} \frac{\Delta s}{\Delta t} = \lim_{\Delta t \to 0} \frac{s(t_0 + \Delta t) - s(t_0)}{\Delta t},$$

则称极限 v 为物体在时刻 t_0 的瞬时速度,也就是物体在时刻 t_0 的速度.

如果 $v > 0$,由极限的局部保号性可知,在 t_0 附近有 $\Delta s / \Delta t > 0$,$s(t)$ 随 t 增大而增大,即运动方向与坐标轴正方向相同. 如果 $v < 0$,则 $s(t)$ 随 t 增大而减小,即运动方向与坐标轴正方向相反. 可见 v 的正负表明运动的方向(也就是 v 的方向). $|v|$ 称为速率,显然 $|v|$ 越大,说明函数 $s(t)$ 在 t_0 附近相对于 t 变化得越快,即物体运动越快.

2.1.2 曲线的切线斜率

设 $P(x_0, y_0)$ 是曲线 $y = f(x)$ 上一点,在曲线 $y = f(x)$ 上取点 P 附近的点 $Q(x_0 + \Delta x, y_0 + \Delta y)$,并作割线 PQ,如图 2 - 1 - 2 所示.

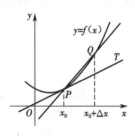

图 2 - 1 - 2

由平面解析几何可知,割线 PQ 的斜率为

$$k_{PQ} = \frac{\Delta y}{\Delta x} = \frac{f(x_0 + \Delta x) - f(x_0)}{\Delta x}.$$

我们认为,当 $|\Delta x|$ 很小(即 Q 与 P 很接近)时,曲线在点 P 的切线倾斜性与割线 PQ 的倾斜性相近,$|\Delta x|$ 越小,二者越是接近. 因此,如果当 $\Delta x \to 0$ 时(这时点 Q 任意接近于点 P),k_{PQ} 有极限 k,则 k 即描述了曲线在点 P 的切线的倾斜性,并称 k 为曲线 $y = f(x)$ 在点 P 的切线斜率,即

$$k = \lim_{\Delta x \to 0} k_{PQ} = \lim_{\Delta x \to 0} \frac{f(x_0 + \Delta x) - f(x_0)}{\Delta x}.$$

2.1.3　导数概念

由研究变速直线运动的瞬时速度、曲线的切线斜率两例可看出,虽然两者具体意义各不相同,但从数学结构上看,却具有完全相同的形式,因此可得以下定义.

定义 1(函数在一点的导数)　设函数 $y = f(x)$ 在点 x_0 及其附近有定义,当自变量 x 从 x_0 变到 $x_0 + \Delta x$ 时,函数增量为 $\Delta y = f(x_0 + \Delta x) - f(x_0)$. 如果极限 $\lim\limits_{\Delta x \to 0} \dfrac{\Delta y}{\Delta x}$ 存在,则称 $f(x)$ 在点 x_0 可导,否则称 $f(x)$ 在点 x_0 不可导. 极限 $\lim\limits_{\Delta x \to 0} \dfrac{\Delta y}{\Delta x}$ 称为 $f(x)$ 在点 x_0 的导数,记作 $f'(x_0)$,即

$$f'(x_0) = \lim_{\Delta x \to 0} \frac{\Delta y}{\Delta x} = \lim_{\Delta x \to 0} \frac{f(x_0 + \Delta x) - f(x_0)}{\Delta x}. \tag{1}$$

$f'(x_0)$ 也可记作 $y'\big|_{x = x_0}$,$\dfrac{\mathrm{d}y}{\mathrm{d}x}\bigg|_{x = x_0}$ 或 $\dfrac{\mathrm{d}}{\mathrm{d}x}f(x)\bigg|_{x = x_0}$.

由以上定义可知,函数在某点的导数是函数在该点处的差商当自变量增量趋于零时的极限.

导数作为变化率 导数 $f'(x_0)$ 描述了函数 $f(x)$ 在点 x_0 附近的变化方向及变化快慢程度. $f'(x_0) > 0 (< 0)$ 表明 $f(x)$ 在点 x_0 附近增大（减小）；$|f'(x_0)|$ 越大, 表明 $f(x)$ 在点 x_0 附近变化越快.

定义 2（右导数与左导数） 设函数 $y = f(x)$ 在点 x_0 及其附近有定义, 如果左极限 $\lim\limits_{\Delta x \to 0^-} \dfrac{f(x_0 + \Delta x) - f(x_0)}{\Delta x}$ 存在, 则称此极限值为函数 $y = f(x)$ 在点 x_0 处的左导数, 记为

$$f'_-(x_0) = \lim_{\Delta x \to 0^-} \frac{\Delta y}{\Delta x} = \lim_{\Delta x \to 0^-} \frac{f(x_0 + \Delta x) - f(x_0)}{\Delta x};$$

如果右极限 $\lim\limits_{\Delta x \to 0^+} \dfrac{f(x_0 + \Delta x) - f(x_0)}{\Delta x}$ 存在, 则称此极限值为函数 $y = f(x)$ 在点 x_0 处的右导数, 记为

$$f'_+(x_0) = \lim_{\Delta x \to 0^+} \frac{\Delta y}{\Delta x} = \lim_{\Delta x \to 0^+} \frac{f(x_0 + \Delta x) - f(x_0)}{\Delta x}.$$

左导数和右导数统称为单侧导数.

定理 1 函数 $y = f(x)$ 在点 x_0 处可导的充分必要条件是 $y = f(x)$ 在点 x_0 的左导数和右导数都存在并且相等, 即

$$f'_-(x_0) = f'_+(x_0).$$

定义 3（导函数） 如果函数 $f(x)$ 在区间 (a, b) 内每一点可导, 则称 $f(x)$ 在 (a, b) 内可导. 这时对于 (a, b) 内每一点 x, 都有唯一的 $f'(x)$ 与 x 对应. 因此, $f'(x)$ 是 x 的函数, 称为导函数, 简称导数, 记为 $y', f'(x), \dfrac{dy}{dx}, \dfrac{df(x)}{dx}$.

函数 $y = f(x)$ 在点 x_0 的导数 $f'(x_0)$ 就是导函数 $f'(x)$ 在点 $x_0 = x$ 的函数值, 即

$$f'(x_0) = f'(x)\big|_{x = x_0}.$$

用导数的定义求函数 $y = f(x)$ 的导数可分为以下三个步骤：

(1)求函数增量 $\Delta y = f(x_0 + \Delta x) - f(x_0)$；

(2)求差商 $\dfrac{\Delta y}{\Delta x} = \dfrac{f(x_0 + \Delta x) - f(x_0)}{\Delta x}$；

(3)求差商的极限 $y' = f'(x) = \lim\limits_{\Delta x \to 0} \dfrac{\Delta y}{\Delta x} = \lim\limits_{\Delta x \to 0} \dfrac{f(x + \Delta x) - f(x)}{\Delta x}$．

例 1　求函数 $y = C$（C 是常数）的导数．

解　对任意实数 x，有 $\Delta y = C - C = 0$，

所以

$$y' = \lim\limits_{\Delta x \to 0} \frac{\Delta y}{\Delta x} = \lim\limits_{\Delta x \to 0} 0 = 0,$$

即有

$$(C)' = 0.$$

例 2　设 $y = f(x) = x^2$，求 y'．

解　$\Delta y = f(x + \Delta x) - f(x) = (x + \Delta x)^2 - x^2 = 2x\Delta x + (\Delta x)^2,$

所以

$$y' = \lim\limits_{\Delta x \to 0} \frac{\Delta y}{\Delta x} = \lim\limits_{\Delta x \to 0} \frac{2x\Delta x + (\Delta x)^2}{\Delta x} = \lim\limits_{\Delta x \to 0} (2x + \Delta x) = 2x,$$

即有

$$(x^2)' = 2x.$$

一般地，对于幂函数 $y = x^\alpha$（α 为任意实数），有公式

$$(x^\alpha)' = \alpha x^{\alpha - 1}.$$

导数的几何意义　曲线 $y = f(x)$ 在点 x_0 处的导数 $f'(x_0)$ 在几何上表示曲线 $y = f(x)$ 在点 $M(x_0, f(x_0))$ 处的切线的斜率（图 2 - 1 - 3），即

$$k = f'(x_0) = \tan \alpha.$$

切线方程为

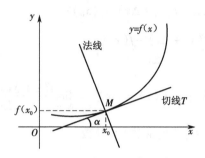

图 2 - 1 - 3

$$y - y_0 = f'(x_0)(x - x_0);$$

法线方程为

$$y - y_0 = -\frac{1}{f'(x_0)}(x - x_0), (f'(x_0) \neq 0).$$

例3 求曲线 $y = x^3$ 在点 $(1,1)$ 处的切线斜率,并写出在该点处的切线方程和法线方程.

解 由于 $y' = 3x^2$,于是所求切线的斜率为 $k_{切} = 3x^2 \big|_{x=1} = 3$;

所求切线方程为 $y - 1 = 3(x - 1)$,即 $3x - y - 2 = 0$;

所求法线的斜率为 $k_{法} = -\frac{1}{k_{切}} = -\frac{1}{3}$;

所求法线方程为 $y - 1 = -\frac{1}{3}(x - 1)$ 即 $x + 3y - 4 = 0$.

导数的物理意义 由前面的讨论可知,作变速直线运动的物体,如果其位移函数为 $s = s(t)$,则该物体在时刻 t_0 的瞬时速度为 $v = s'(t_0)$.

2.1.4 可导与连续的关系

定理2 如果函数 $y = f(x)$ 在点 x 可导,则 $y = f(x)$ 在点 x 连续,其逆不真。

简单证明:如果函数 $y = f(x)$ 在点 x 可导,即 $f'(x) = \lim\limits_{\Delta x \to 0} \frac{\Delta y}{\Delta x}$ 存在,则

$$\lim_{\Delta x \to 0} \Delta y = \lim_{\Delta x \to 0} \frac{\Delta y}{\Delta x} \cdot \Delta x = \lim_{\Delta x \to 0} \frac{\Delta y}{\Delta x} \cdot \lim_{\Delta x \to 0} \Delta x = f'(x) \cdot 0 = 0,$$

由连续性的定义可知，函数 $y = f(x)$ 在点 x 连续.

那么当函数 $y = f(x)$ 在点 x 连续时，它在点 x 是否一定可导呢?

例 4 讨论函数 $y = |x|$ 在点 $x = 0$ 的连续性和可导性.

解 在点 $x = 0$，因为 $\Delta y = |0 + \Delta x| - |0| = |\Delta x|$，所以 $\lim_{\Delta x \to 0} \Delta y = \lim_{\Delta x \to 0} |\Delta x| = 0$，即函数 $y = |x|$ 在点 $x = 0$ 连续;

而函数在 $x = 0$ 的右导数为

$$\lim_{\Delta x \to 0^+} \frac{\Delta y}{\Delta x} = \lim_{\Delta x \to 0^+} \frac{|\Delta x|}{\Delta x} = \lim_{\Delta x \to 0^+} \frac{\Delta x}{\Delta x} = 1,$$

左导数为

$$\lim_{\Delta x \to 0^-} \frac{\Delta y}{\Delta x} = \lim_{\Delta x \to 0^-} \frac{|\Delta x|}{\Delta x} = \lim_{\Delta x \to 0^-} \frac{-\Delta x}{\Delta x} = -1,$$

因为左导数与右导数不相等，所以函数 $y = |x|$ 在点 $x = 0$ 不可导.

上例表明，在一点连续的函数，在该点不一定可导.

曲线 $y = |x|$ 在点 $x = 0$ 不可导，其图形在原点处没有切线，原点称为该曲线的一个尖点，如图 $2 - 1 - 4$ 所示.

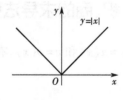

图 $2 - 1 - 4$

可得结论:

(1) 若 $y = f(x)$ 在点 x 处可导，则 $y = f(x)$ 在点 x 处一定连续;

(2) 若 $y = f(x)$ 在点 x 处连续，则 $y = f(x)$ 在点 x 处不一定可导;

(3)若 $y = f(x)$ 在点 x 处不连续,则 $y = f(x)$ 在点 x 处一定不可导.

习题 2.1

1. 求下列函数的导数:

(1)$y = x^5$;   (2)$y = \sqrt[3]{x^2}$;   (3)$y = x^{1.8}$;

(4)$y = \dfrac{1}{\sqrt[3]{x}}$;   (5)$y = \dfrac{1}{x^2}$;   (6)$y = x^3\sqrt{x}$.

2. 求下列函数在指定点处的切线方程和法线方程:

(1)$y = x^3$ 在点 $(1,1)$ 处;

(2)$y = \sin x$ 在点 $\left(\dfrac{\pi}{4}, \dfrac{\sqrt{2}}{2}\right)$ 处.

3. 讨论函数 $y = f(x) = \begin{cases} x^2, & x \leq 0, \\ x, & x > 0 \end{cases}$ 在 $x = 0$ 处的可导性和连续性.

2.2 函数的求导法则

2.2.1 函数的和、差、积、商的求导法则

定理1 对于可导函数 $u = u(x)$ 和 $v = v(x)$,有

(1)$(u+v)' = u' + v'$;

(2)$(u-v)' = u' - v'$;

(3)$(uv)' = u'v + uv'$,特别地,有 $(Cu)' = Cu'$(C 为常数);

(4)$\left(\dfrac{u}{v}\right)' = \dfrac{u'v - uv'}{v^2}$($v \neq 0$).

注意 一般 $(uv)' \neq u'v'$,$(Cu)' \neq C'u' = 0$;$(u/v)' \neq u'/v'$.

2.2.2　基本初等函数的导数公式

基本初等函数的导数公式如下：

$(1)(C)' = 0$;　　　　　　　　　　$(2)(x^{\alpha})' = \alpha x^{\alpha-1}$;

$(3)(a^x)' = a^x \ln a$;　　　　　　　$(4)(\log_a x)' = \dfrac{1}{x \ln a}$;

$(5)(e^x)' = e^x$;　　　　　　　　　$(6)(\ln x)' = \dfrac{1}{x}$;

$(7)(\sin x)' = \cos x$;　　　　　　$(8)(\cos x)' = -\sin x$;

$(9)(\tan x)' = \sec^2 x$;　　　　　$(10)(\cot x)' = -\csc^2 x$;

$(11)(\sec x)' = \sec x \tan x$;　　$(12)(\csc x)' = -\csc x \cot x$;

$(13)(\arcsin x)' = \dfrac{1}{\sqrt{1-x^2}}$;　　$(14)(\arccos x)' = -\dfrac{1}{\sqrt{1-x^2}}$;

$(15)(\arctan x)' = \dfrac{1}{1+x^2}$;　　$(16)(\text{arccot}\, x)' = -\dfrac{1}{1+x^2}$.

例 1　设 $y = 2x^3 - 5x^2 + 3x - 7$，求 y'.

解　$y' = (2x^3 - 5x^2 + 3x - 7)' = (2x^3)' - (5x^2)' + (3x)' - (7)'$

$\qquad = 2(x^3)' - 5(x^2)' + 3(x)'$

$\qquad = 2 \times 3x^2 - 5 \times 2x + 3 = 6x^2 - 10x + 3$.

例 2　设 $f(x) = x^3 + 4\cos x - \sin \dfrac{\pi}{2}$，求 $f'(x)$ 及 $f'\left(\dfrac{\pi}{2}\right)$.

解　$f'(x) = (x^3)' + (4\cos x)' - \left(\sin \dfrac{\pi}{2}\right)' = 3x^2 - 4\sin x$,

$\qquad f'\left(\dfrac{\pi}{2}\right) = \dfrac{3}{4}\pi^2 - 4$.

例 3　设 $y = (\sqrt{x} - 3)(2x + 1)$，求 y'.

解 $y' = (\sqrt{x} - 3)'(2x + 1) + (\sqrt{x} - 3)(2x + 1)'$

$$= \frac{1}{2\sqrt{x}}(2x + 1) + 2(\sqrt{x} - 3) = 3\sqrt{x} + \frac{1}{2\sqrt{x}} - 6.$$

例 4 设 $y = \tan x$, 求 y'.

解 $y' = \left(\dfrac{\sin x}{\cos x}\right)' = \dfrac{(\sin x)'\cos x - \sin x(\cos x)'}{\cos^2 x}$

$$= \frac{\cos x \cdot \cos x - \sin x \cdot (-\sin x)}{\cos^2 x}$$

$$= \frac{\cos^2 x + \sin^2 x}{\cos^2 x} = \frac{1}{\cos^2 x} = \sec^2 x.$$

即有

$$(\tan x)' = \sec^2 x.$$

类似地, 可以求出 $(\cot x)' = -\csc^2 x, (\sec x)' = \sec x\tan x, (\csc x)' = -\csc x\cot x.$

2.2.3 复合函数的求导法则

定理 2 如果函数 $u = g(x)$ 在点 x 可导, 而函数 $y = f(u)$ 在点 $u = g(x)$ 可导, 则复合函数 $y = f[g(x)]$ 在点 x 可导, 且有

$$\frac{\mathrm{d}y}{\mathrm{d}x} = \frac{\mathrm{d}y}{\mathrm{d}u} \cdot \frac{\mathrm{d}u}{\mathrm{d}x}.$$

上式也可写为

$$y'(x) = f'(u) \cdot g'(x).$$

下面仅给出复合函数的求导法则的一个粗略的证明大意.

当 x 有增量 Δx 时, u 有增量 $\Delta u = g(x + \Delta x) - g(x)$, y 有增量 $\Delta y = f(u + \Delta u) - f(u)$. 由于 u 可导, 因此 u 连续, 于是当 $\Delta x \to 0$ 时, $\Delta u \to 0$, 有

$$\frac{dy}{dx} = \lim_{\Delta x \to 0} \frac{\Delta y}{\Delta x} = \lim_{\Delta x \to 0} \frac{\Delta y}{\Delta u} \frac{\Delta u}{\Delta x} = \lim_{\Delta u \to 0} \frac{\Delta y}{\Delta u} \lim_{\Delta x \to 0} \frac{\Delta u}{\Delta x} = \frac{dy}{du} \frac{du}{dx}.$$

以上法则可以推广到由两个以上可导函数构成的复合函数的情形. 例如,如果函数 $y = f\{g[h(x)]\}$ 是由可导函数 $y = f(u)$,$u = g(v)$,$v = h(x)$ 构成的复合函数,则

$$y'_x = y'_u \cdot u'_v \cdot v'_x.$$

复合函数求导的关键在于把复合函数分解成基本初等函数或基本初等函数的和、差、积、商,然后利用复合函数求导法则和适当的导数公式进行计算,对复合函数的分解比较熟练以后,就不必再写出中间变量,只要把中间变量所代替的式子默记在心,直接"由外往里,逐层求导"即可。所谓"由外往里",指的是从式子的最后一次运算程序开始求导;所谓"逐层求导",指的是每一次只对一个中间变量进行求导。

例 5 设 $y = \sin 2x$,求 y'.

解 $y = \sin 2x$ 是由 $y = \sin u$ 和 $u = 2x$ 复合而成的,所以

$$y' = y'_u \cdot u'_x = (\sin u)'(2x)' = \cos u \cdot 2 = 2\cos 2x.$$

例 6 设 $y = (3x + 5)^3$,求 y'.

解 $y = (3x + 5)^3$ 是由 $y = u^3$ 和 $u = 3x + 5$ 复合而成的,所以

$$y' = y'_u \cdot u'_x = (u^3)'(3x + 5)' = 3u^2 \cdot 3 = 9(3x + 5)^2.$$

例 7 设 $y = \ln(3 - 2x)$,求 y'.

解 $y = \ln(3 - 2x)$ 是由 $y = \ln u$ 和 $u = 3 - 2x$ 复合而成的,所以

$$y' = y'_u \cdot u'_x = \frac{1}{u} \cdot (-2) = -\frac{2}{3 - 2x}.$$

例 8 设 $y = \ln \cos(e^x)$,求 $\frac{dy}{dx}$.

解 $\dfrac{dy}{dx} = [\ln \cos(e^x)]' = \dfrac{1}{\cos(e^x)} \cdot [\cos(e^x)]'$

$$= \frac{1}{\cos(e^x)} \cdot [-\sin(e^x)] \cdot (e^x)'$$

$$= -e^x \tan(e^x)$$

例 9　设 $y = \ln \tan x$，求 $\dfrac{dy}{dx}$.

解　函数 $y = \ln \tan x$ 是由 $y = \ln u, u = \tan x$ 复合而成的，所以

$$\frac{dy}{dx} = \frac{dy}{du} \cdot \frac{du}{dx} = \frac{1}{u} \cdot \sec^2 x = \cot x \cdot \sec^2 x$$

$$= \frac{1}{\sin x \cos x}.$$

熟悉法则以后，可以不写出中间变量，而按照下面例题的方法来计算.

例 10　设 $y = \sqrt{2 - x^2}$，求 y'.

解　$y' = \dfrac{1}{2\sqrt{2 - x^2}}(2 - x^2)' = \dfrac{1}{2\sqrt{2 - x^2}}(-2x) = -\dfrac{x}{\sqrt{2 - x^2}}.$

例 11　设 $y = \sin \sqrt{x^2 - 1}$，求 y'.

解　$y' = \cos \sqrt{x^2 - 1} \left(\sqrt{x^2 - 1}\right)'$

$$= \cos \sqrt{x^2 - 1} \cdot \frac{1}{2\sqrt{x^2 - 1}} \cdot (x^2 - 1)'$$

$$= \frac{x}{\sqrt{x^2 - 1}} \cos \sqrt{x^2 - 1}.$$

当函数是由三个或更多个基本初等函数复合而成时，可多次运用复合函数的求导法则.

例 12　设 $y = e^{x^3}$，求 $\dfrac{dy}{dx}$.

解　函数 $y = e^{x^3}$ 是由 $y = e^u, u = x^3$ 复合而成的，所以

$$\frac{dy}{dx} = \frac{dy}{du} \cdot \frac{du}{dx} = e^u \cdot 3x^2 = 3x^2 e^{x^3}.$$

例 13　设 $y = \mathrm{e}^{\sin\frac{1}{x}}$，求 $\dfrac{\mathrm{d}y}{\mathrm{d}x}$。

解　$y' = (\mathrm{e}^{\sin\frac{1}{x}})' \cdot \left(\sin\dfrac{1}{x}\right)'$

$\qquad = \mathrm{e}^{\sin\frac{1}{x}} \cdot \cos\dfrac{1}{x} \cdot \left(\dfrac{1}{x}\right)'$

$\qquad = -\dfrac{1}{x^2} \cdot \mathrm{e}^{\sin\frac{1}{x}} \cdot \cos\dfrac{1}{x}.$

习题 2.2

1. 求下列函数的导数：

$(1)\,y = 5x^3 - 2^x + 3\mathrm{e}^x$；

$(2)\,y = 2\tan x + \sec x - 1$；

$(3)\,y = \sin x \cdot \cos x.$

$(4)\,y = x^2 \cdot \ln x$；

$(5)\,y = 3\mathrm{e}^x\cos x$；

$(6)\,y = \dfrac{\ln x}{x}$；

$(7)\,y = \dfrac{1 + \sin x}{1 + \cos x}$；

$(8)\,y = \dfrac{x}{1 - \cos x}.$

2. 求下列函数的导数：

$(1)\,y = (2x + 5)^4$；

$(2)\,y = \cos(4 - 3x)$；

$(3)\,y = \ln\dfrac{1}{x}$；

$(4)\,y = \sin^2 x$；

$(5)\,y = \sqrt{a^2 - x^2}$；

$(6)\,y = \ln\cos x.$

2.3　高阶导数

定义（高阶导数）　如果函数 $y = f(x)$ 的导数 $y = f'(x)$ 仍然是 x 的函数，

则把 $y' = f'(x)$ 的导数称为 $y = f(x)$ 的二阶导数,记作 y'',$f''(x)$ 或 $\dfrac{d^2y}{dx^2}$,即

$$y'' = (y')' \text{ 或 } \frac{d^2y}{dx^2} = \frac{d}{dx}\left(\frac{dy}{dx}\right).$$

类似地,二阶导数的导数称为三阶导数,三阶导数的导数称为四阶导数,……,$n-1$ 阶导数的导数称为 $f(x)$ 的 n 阶导数,分别记为 $f'''(x)$,$f^{(4)}(x)$,…,$f^{(n-1)}(x)$,$f^{(n)}(x)$,或 y''',$y^{(4)}$,…,$y^{(n-1)}$,$y^{(n)}$,或 $\dfrac{d^3y}{dx^3}$,$\dfrac{d^4y}{dx^4}$,…,$\dfrac{d^{n-1}y}{dx^{n-1}}$,$\dfrac{d^ny}{dx^n}$.

二阶及二阶以上的导数,统称为高阶导数。显然,求高阶导数就是多次求导,因此可用前面学过的求导方法来计算高阶导数.

例1 求函数 $y = x^3 - 3x^2 + 2x + 5$ 的一、二、三、四阶导数.

解 $y' = 3x^2 - 6x + 2$,

$y'' = (y')' = (3x^2 - 6x + 2)' = 6x - 6$,

$y''' = (y'')' = (6x - 6)' = 6$,

$y^{(4)} = (y''')' = (6)' = 0$.

例2 一重物从 20 m 的高度从静止开始自由下落. 由物理学可知,在 t (s)末物体的下落位移为 $s = -4.9t^2$(取运动起点为原点,数轴正向垂直向上). 求重物在时刻 $t = 2$ s 时下落的速度 v 和加速度 a.

解 对于位移 $s = -4.9t^2$,分别求一阶和二阶导数,得

$$\frac{ds}{dt} = -9.8t, \frac{d^2s}{dt^2} = \frac{d}{dt}\left(\frac{ds}{dt}\right) = -9.8.$$

将 $t = 2$ 代入以上两式,得 $v = \dfrac{ds}{dt}\bigg|_{t=2} = -19.6$,$a = \dfrac{d^2s}{dt^2}\bigg|_{t=2} = -9.8$. 即重物在 $t = 2$ s 时的速度为 -19.6 m/s,加速度为 -9.8 m/s^2. 速度和加速度中

的负号表明它们的方向与数轴的正方向相反.

本例中的加速度是一个常数 -9.8,说明当重物仅受重力作用时在任何时刻的加速度均为 -9.8 m/s^2,它被称为重力加速度.加速度为常数的运动称为匀加速度运动.

例3　求函数 $y = xe^x$ 的 n 阶导数.

解

$$y' = e^x + xe^x = (1 + x)e^x,$$

$$y'' = e^x + (1 + x)e^x = (2 + x)e^x,$$

$$y''' = e^x + (2 + x)e^x = (3 + x)e^x,$$

$$\vdots$$

$$y^{(n)} = (n + x)e^x.$$

习题 2.3

1. 求下列函数的二阶导数:

(1) $y = x^5 + 3x^2 - 1$;　　　　(2) $y = x\sin x$;

(3) $y = \ln(1 + x^2)$;　　　　(4) $y = \sqrt{x^2 - 1}$.

2. 求下列函数的 n 阶导数:

(1) $y = a^x$;　　　　(2) $y = \ln(1 + x)$.

2.4　微分及其应用

2.4.1　微分概念

引例　一块正方形金属薄片,当受热膨胀后,边长由 x_0 变到 $x_0 + \Delta x$,求

此金属薄片的面积 A 增加了多少?

由于正方形面积 A 是边长 x_0 的函数,即 $A = x_0^2$,由题意得

$$\Delta A = (x_0 + \Delta x)^2 - x_0^2$$
$$= 2x_0 \Delta x + (\Delta x)^2.$$

从上式可以看到所求面积 A 的增量 ΔA 由两项的和构成,如图 $2-4-1$ 所示.

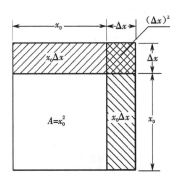

图 $2-4-1$

当 Δx 很小时,ΔA 的主要部分是第一项 $2x_0 \Delta x$(图中带有斜线的两个矩形面积之和),另一部分 $(\Delta x)^2$ 是次要部分(图中带有交叉斜线的小正方形的面积),$(\Delta x)^2$ 要比 $2x_0 \Delta x$ 小得多,当 $(\Delta x)^2$ 很小时,即面积 A 的增量 ΔA 可近似表示为 $\Delta A \approx 2x_0 \Delta x$ 或 $\Delta A \approx A'(x_0) \Delta x$,略去 $(\Delta x)^2$ 部分.

下面对可导函数 $y = f(x)$ 进行研究.

设有函数 $y = f(x)$,自变量 x 从 x_0 增加到 $x_0 + \Delta x$,现在想通过计算函数增量 $\Delta y = f(x_0 + \Delta x) - f(x_0)$ 来分析函数的绝对变化. 通常 Δy 的计算是比较复杂的. 如果 $f(x)$ 在 x_0 可导,由导数定义可知

$$f'(x_0) \approx \frac{\Delta y}{\Delta x} (|\Delta x| \text{很小}),$$

于是有

$$\Delta y \approx f'(x_0) \Delta x.$$

这说明,当 x 从 x_0 增加 Δx 时,函数 y 大约增加 $f'(x_0)\Delta x$,后者称为函数 y 的微分.

定义(微分)　如果函数 $y = f(x)$ 在点 x_0 可导(也称可微),则称 $f'(x_0)\Delta x$ 为函数 $f(x)$ 在点 x_0 相应于 Δx 的微分,记作 dy,即

$$dy = f'(x_0)\Delta x.$$

由微分定义可知,当 $|\Delta x|$ 很小时,有 $\Delta y \approx dy$. 这时,当 x 从 x_0 增加 Δx 时,函数 y 大约增加 $dy = f'(x_0)\Delta x$,这就是微分的经济意义.

函数 $y = f(x)$ 在任意点 x 的微分,即 $dy = f'(x)\Delta x$,简称为函数 $f(x)$ 的微分.

例如,$y = \sin x$ 的微分为 $dy = (\sin x)'\Delta x = \cos x\Delta x$,$x^2$ 的微分为 $dx^2 = (x^2)'\Delta x = 2x\Delta x$.

如果 $f(x) = x$,则 $f'(x) = 1$,因此有 $dx = \Delta x$,所以 $y = f(x)$ 的微分又常写成

$$dy = f'(x)dx.$$

于是有

$$f'(x) = \frac{dy}{dx}.$$

即函数 $f(x)$ 的导数 $f'(x)$ 等于函数微分 dy 与自变量微分 dx 之商,所以导数又称为微商. 导数的值只与 x 有关,而微分的值与 x 和 Δx 都有关.

显然,函数微分的计算仍然是以导数计算作为前提的,计算微分,可先计算导数,然后再乘以 dx 即可。

2.4.2 微分的运算

下面根据函数微分的定义 $\mathrm{d}y = f'(x)\mathrm{d}x$，可直接推出微分的基本公式和运算法则.

1. 微分基本公式

$(1)\mathrm{d}(C) = 0$；　　　　　　　　$(2)\mathrm{d}(x^{\alpha}) = \alpha x^{\alpha-1}\mathrm{d}x$；

$(3)\mathrm{d}(a^{x}) = a^{x}\ln a\mathrm{d}x$；　　　　　$(4)\mathrm{d}(\log_a x) = \dfrac{1}{x\ln a}\mathrm{d}x$；

$(5)\mathrm{d}(\mathrm{e}^{x}) = \mathrm{e}^{x}\mathrm{d}x$；　　　　　　$(6)\mathrm{d}(\ln x) = \dfrac{1}{x}\mathrm{d}x$；

$(7)\mathrm{d}(\sin x) = \cos x\mathrm{d}x$；　　　　$(8)\mathrm{d}(\cos x) = -\sin x\mathrm{d}x$；

$(9)\mathrm{d}(\tan x) = \sec^2 x\mathrm{d}x$；　　　$(10)\mathrm{d}(\cot x) = -\csc^2 x\mathrm{d}x$；

$(11)\mathrm{d}(\sec x) = \sec x\tan x\mathrm{d}x$；　$(12)\mathrm{d}(\csc x) = -\csc x\cot x\mathrm{d}x$；

$(13)\mathrm{d}(\arcsin x) = \dfrac{1}{\sqrt{1-x^2}}\mathrm{d}x$；　$(14)\mathrm{d}(\arccos x) = -\dfrac{1}{\sqrt{1-x^2}}\mathrm{d}x$；

$(15)\mathrm{d}(\arctan x) = \dfrac{1}{1+x^2}\mathrm{d}x$；　$(16)\mathrm{d}(\mathrm{arccot}\, x) = -\dfrac{1}{1+x^2}\mathrm{d}x$.

2. 微分的四则运算法则

定理 1　设有可微函数 $u = u(x)$ 和 $v = v(x)$，则

$(1)\mathrm{d}(u+v) = u\mathrm{d}x + v\mathrm{d}x$；

$(2)\mathrm{d}(u-v) = u\mathrm{d}x - v\mathrm{d}x$；

$(3)\mathrm{d}(uv) = v\mathrm{d}u + u\mathrm{d}v$，特别地，有 $\mathrm{d}(Cu) = C\mathrm{d}u$（$C$ 为常数）；

$(4)\mathrm{d}\left(\dfrac{u}{v}\right) = \dfrac{v\mathrm{d}u - u\mathrm{d}v}{v^2}$（$v\neq 0$）.

3. 复合函数的微分法则

定理 2　设函数 $y = f(u)$ 及 $u = g(x)$ 都可导，则复合函数 $y = f[g(x)]$ 的

微分为

$$dy = \frac{dy}{dx}dx = f'(u) \cdot g'(x)dx.$$

因为 $g'(x)dx = du$,所以复合函数 $y = f[g(x)]$ 的微分也可写成

$$dy = f'(u)du \text{ 或 } dy = \frac{dy}{du}du.$$

由此可见,无论 u 是自变量还是中间变量,微分形式 $dy = f'(u)du$ 保持不变,这一性质称为微分形式不变性.

例 1 求函数 $y = x^2$ 在 $x = 1, \Delta x = 0.1$ 时的增量与微分.

解 $\Delta y = (x + \Delta x)^2 - x^2$

$$= 1.1^2 - 1^2$$

$$= 0.21,$$

在点 $x = 1$ 处

$$y'|_{x=1} = 2x|_{x=1} = 2,$$

$$dy = y'\Delta x = 2 \times 0.1 = 0.2.$$

例 2 求函数 $y = \sin x$ 在 $x = 0$ 和 $x = \frac{\pi}{2}$ 处的微分.

解 先求函数 $y = \sin x$ 对任意一点的微分,即有

$$dy = (\sin x)'dx = \cos xdx,$$

所以

$$dy|_{x=0} = \cos 0dx = dx,$$

$$dy|_{x=\frac{\pi}{2}} = \cos \frac{\pi}{2}dx = 0.$$

例 3 设 $y = \ln(1 + e^{x^2})$,求 dy.

解 $dy = d\ln(1 + e^{x^2}) = \frac{1}{1 + e^{x^2}}d(1 + e^{x^2})$

$$= \frac{1}{1 + e^{x^2}} \cdot e^{x^2} d(x^2) = \frac{1}{1 + e^{x^2}} \cdot e^{x^2} \cdot 2x dx$$

$$= \frac{2x e^{x^2}}{1 + e^{x^2}} dx.$$

例4 设 $y = \sin(2x + 1)$, 求 dy.

解 把 $2x + 1$ 看成中间变量 u, 则

$$dy = d(\sin u) = \cos u du = \cos(2x + 1) d(2x + 1)$$

$$= \cos(2x + 1) \cdot 2dx = 2\cos(2x + 1) dx.$$

例5 设 $y = e^{-x} \sin x$, 求 dy.

解 因为

$$y' = -e^{-x} \sin x + e^{-x} \cos x,$$

所以

$$dy = (-e^{-x} \sin x + e^{-x} \cos x) dx.$$

2.4.3　微分的几何意义

设函数 $y = f(x)$ 的图形如图 $2 - 4 - 2$ 所示, 过曲线 $y = f(x)$ 上一点 $M(x, y)$ 作切线 MT, 设 MT 的倾斜角为 α, 则 $\tan \alpha = f'(x)$.

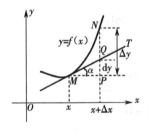

图 $2 - 4 - 2$

当自变量 x 有增量 Δx 时, 切线 MT 的纵坐标相应地有增量 $QP = \tan \alpha \cdot$

$$\Delta x = f'(x)\Delta x = \mathrm{d}y.$$

因此,微分 $\mathrm{d}y = f'(x)\Delta x$ 在几何上表示当 x 有增量 Δx 时,曲线 $y = f(x)$ 在对应点 $M(x, y)$ 处切线的纵坐标的增量.

2.4.4 微分在近似计算中的应用

若 $y = f(x)$ 在点 x_0 处的导数 $f'(x) \neq 0$,且 $|\Delta x|$ 很小,则有

$$\Delta y = f(x_0 + \Delta x) - f(x_0) \approx \mathrm{d}y = f'(x_0)\Delta x. \tag{1}$$

1. 计算函数增量的近似值

由式(1)可得,当 $|\Delta x|$ 较小时,

$$\Delta y = f(x_0 + \Delta x) - f(x_0) \approx f'(x_0)\Delta x. \tag{2}$$

2. 计算函数的近似值

由式(1)可得,当 $|\Delta x|$ 较小时,

$$f(x_0 + \Delta x) \approx f(x_0) + f'(x_0)\Delta x. \tag{3}$$

在式(3)中令 $x = x_0 + \Delta x$,即有 $\Delta x = x - x_0$,则式(3)改写为

$$f(x) \approx f(x_0) + f'(x_0)(x - x_0). \tag{4}$$

例6 有一批半径为 1 cm 的球,为了提高球面的光洁度,要镀上一层铜,厚度定为 0.01 cm. 估计一下每个球需用铜多少克(铜的密度是 8.9 g/cm³)?

解 已知 $R_0 = 1$ cm,$\Delta R = 0.01$ cm,球体体积为 $V = \dfrac{4}{3}\pi R^3$,镀层的体积为

$$\Delta V = V(R_0 + \Delta R) - V(R_0)$$

$$\approx V'(R_0)\Delta R = 4\pi R_0^2 \Delta R$$

$$= 4 \times 3.14 \times 1^2 \times 0.01 = 0.13(\mathrm{cm}^3),$$

于是镀每个球需用的铜约为

$$0.13 \times 8.9 = 1.16(\text{g}).$$

例7 利用微分计算 $\sin 30°30'$ 的近似值。

解 $30°30' = \dfrac{\pi}{6} + \dfrac{\pi}{360}, x_0 = \dfrac{\pi}{6}, \Delta x = \dfrac{\pi}{360}$，则

$$\sin 30°30' = \sin(x_0 + \Delta x) = \sin x_0 + \cos x_0 \Delta x$$

$$= \sin \frac{\pi}{6} + \cos \frac{\pi}{6} \cdot \frac{\pi}{360}$$

$$= \frac{1}{2} + \frac{\sqrt{3}}{2} \cdot \frac{\pi}{360} = 0.5076,$$

即 $\quad \sin 30°30' \approx 0.5076.$

习题 2.4

1. 求下列函数的微分：

(1) $y = \sqrt{x} + \ln x$; $\qquad\qquad$ (2) $y = x \ln 2x.$

2. 求函数 $y = x^2 - x$ 在 $x = 10$ 相应于 $\Delta x = 0.1$ 的微分，并解释计算结果.

3. 在下列各题的括号内填入适当的函数，使等式成立：

(1) d( ) $= 2 \text{d}x$; $\qquad\qquad$ (2) d( ) $= x \text{d}x$;

(3) d( ) $= \dfrac{1}{x} \text{d}x$; $\qquad\qquad$ (4) d( ) $= \dfrac{1}{x^2} \text{d}x$;

(5) d( ) $= \dfrac{1}{\sqrt{x}} \text{d}x$; $\qquad\qquad$ (6) d( ) $= \text{e}^{2x} \text{d}x.$

2.5 洛必达法则

未定式 如果当 $x \to x_0 (x \to \infty)$ 时，$f(x)$ 和 $F(x)$ 都趋于 0(或都趋于无穷

大），则极限 $\lim\limits_{x \to *}\dfrac{f(x)}{F(x)}$ 可能存在，也可能不存在，因此将这种极限称为"$\dfrac{0}{0}$"型

（或"$\dfrac{\infty}{\infty}$"型）未定式.

定理（洛必达法则）　如果

（1）$\lim\limits_{x \to x_0} f(x) = 0, \lim\limits_{x \to x_0} F(x) = 0$（或 $\lim\limits_{x \to x_0} f(x) = \infty, \lim\limits_{x \to x_0} F(x) = \infty$）；

（2）在点 x_0 的某邻域内（点 x_0 本身可除外），$f'(x)$ 与 $F'(x)$ 都存在且

$F'(x) \neq 0$；

（3）$\lim\limits_{x \to x_0}\dfrac{f'(x)}{F'(x)}$ 存在（或为无穷大）；

则

$$\lim_{x \to x_0}\frac{f(x)}{F(x)} = \lim_{x \to x_0}\frac{f'(x)}{F'(x)} = A.$$

即在符合定理的条件下，当 $\lim\limits_{x \to x_0}\dfrac{f'(x)}{F'(x)}$ 存在时，$\lim\limits_{x \to x_0}\dfrac{f(x)}{F(x)}$ 也存在且等于

$\lim\limits_{x \to x_0}\dfrac{f'(x)}{F'(x)}$，当 $\lim\limits_{x \to x_0}\dfrac{f'(x)}{F'(x)}$ 为无穷大时，$\lim\limits_{x \to x_0}\dfrac{f(x)}{F(x)}$ 也为无穷大.

上述定理中，若把 $x \to x_0$ 换成 $x \to \infty$，结论同样成立.

说明　定理给出了求"$\dfrac{0}{0}$"型（或"$\dfrac{\infty}{\infty}$"型）未定式的值的一种方法，为了

求 $\lim\dfrac{f(x)}{F(x)}$，先将分子和分母分别求导后再求极限. 如果求导后仍是"$\dfrac{0}{0}$"型

（或"$\dfrac{\infty}{\infty}$"型）未定式，则继续将分子和分母求导，直到不是未定式. 这种求极

限的方法称为洛必达法则.

例 1　求 $\lim\limits_{x \to -1}\dfrac{x^6 - 1}{x^4 - 1}$.

解　$\lim\limits_{x \to -1} \dfrac{x^6-1}{x^4-1} \overset{\frac{0}{0}}{=} \lim\limits_{x \to -1} \dfrac{(x^6-1)'}{(x^4-1)'} = \lim\limits_{x \to -1} \dfrac{6x^5}{4x^3} = \lim\limits_{x \to -1} \dfrac{3}{2}x^2 = \dfrac{3}{2}$.

例2　求 $\lim\limits_{x \to 0} \dfrac{\ln(1-5x)}{x^2}$.

解　$\lim\limits_{x \to 0} \dfrac{\ln(1-5x)}{x^2} \overset{\frac{0}{0}}{=} \lim\limits_{x \to 0} \dfrac{\dfrac{-5}{1-5x}}{2x} = \lim\limits_{x \to 0} \dfrac{-5}{2x(1-5x)} = \infty$.

如果 $\dfrac{f'(x)}{\varphi'(x)}$ 当 $x \to x_0 (x \to \infty)$ 时仍属 "$\dfrac{0}{0}$" 型,且 $f'(x)$、$\varphi'(x)$ 仍能满足洛

必达法则中的条件,则可继续使用洛必达法则进行计算,即

$$\lim\limits_{\substack{x \to x_0 \\ x \to \infty}} \dfrac{f(x)}{\varphi(x)} = \lim\limits_{\substack{x \to x_0 \\ x \to \infty}} \dfrac{f'(x)}{\varphi'(x)} = \lim\limits_{\substack{x \to x_0 \\ x \to \infty}} \dfrac{f''(x)}{\varphi''(x)}.$$

例3　求 $\lim\limits_{x \to 1} \dfrac{x^3-3x+2}{x^3-x^2-x+1}$.

解　$\lim\limits_{x \to 1} \dfrac{x^3-3x+2}{x^3-x^2-x+1} = \lim\limits_{x \to 1} \dfrac{3x^2-3}{3x^2-2x-1} = \lim\limits_{x \to 1} \dfrac{6x}{6x-2} = \dfrac{3}{2}$.

例4　求 $\lim\limits_{x \to 0} \dfrac{x - \sin x}{x^3}$.

解　$\lim\limits_{x \to 0} \dfrac{x - \sin x}{x^3} = \lim\limits_{x \to 0} \dfrac{1 - \cos x}{3x^2} = \lim\limits_{x \to 0} \dfrac{\sin x}{6x} = \dfrac{1}{6}$.

例5　求 $\lim\limits_{x \to +\infty} \dfrac{\dfrac{\pi}{2} - \arctan x}{\dfrac{1}{x}}$.

解　$\lim\limits_{x \to +\infty} \dfrac{\dfrac{\pi}{2} - \arctan x}{\dfrac{1}{x}} = \lim\limits_{x \to +\infty} \dfrac{-\dfrac{1}{1+x^2}}{-\dfrac{1}{x^2}} = \lim\limits_{x \to +\infty} \dfrac{x^2}{1+x^2} = 1$.

例6　求 $\lim\limits_{x \to +\infty} \dfrac{\ln x}{x^n} (n > 0)$. $\left(\text{"}\dfrac{\infty}{\infty}\text{" 型} \right)$

解　$\lim\limits_{x\to+\infty}\dfrac{\ln x}{x^n}=\lim\limits_{x\to+\infty}\dfrac{1/x}{nx^{n-1}}=\lim\limits_{x\to+\infty}\dfrac{1}{nx^n}=0.$

还有一些其他的未定式,如 $0\cdot\infty$ 型,$\infty-\infty$ 型,0^0 型,1^∞ 型,∞^0 型等,它们都可以转化为 $\dfrac{0}{0}$ 型$\left(\text{或}\dfrac{\infty}{\infty}\text{型}\right)$未定式来计算.

例 7　求 $\lim\limits_{x\to0^+}x^n\ln x\,(n>0).$ $(0\cdot\infty\text{型})$

解　$\lim\limits_{x\to0^+}x^n\ln x=\lim\limits_{x\to0^+}\dfrac{\ln x}{x^{-n}}\left(\dfrac{\infty}{\infty}\text{型}\right)$

$$=\lim\limits_{x\to0^+}\dfrac{1/x}{-nx^{-n-1}}=\lim\limits_{x\to0^+}\dfrac{1}{-nx^{-n}}=-\lim\limits_{x\to0^+}\dfrac{x^n}{n}=0.$$

例 8　求 $\lim\limits_{x\to\pi/2}(\sec x-\tan x).$ $(\infty-\infty\text{型})$

解　$\lim\limits_{x\to\pi/2}(\sec x-\tan x)=\lim\limits_{x\to\pi/2}\left(\dfrac{1}{\cos x}-\dfrac{\sin x}{\cos x}\right)=\lim\limits_{x\to\pi/2}\dfrac{1-\sin x}{\cos x}\left(\dfrac{0}{0}\text{型}\right)$

$$=\lim\limits_{x\to\pi/2}\dfrac{-\cos x}{-\sin x}=0.$$

例 9　求 $\lim\limits_{x\to0^+}x^x.$ (0^0型)

解　$\lim\limits_{x\to0^+}x^x=\lim\limits_{x\to0^+}\mathrm{e}^{\ln x^x}=\lim\limits_{x\to0^+}\mathrm{e}^{x\ln x}=\mathrm{e}^{\lim\limits_{x\to0^+}x\ln x}\,(0\cdot\infty\text{型})$

$$=\mathrm{e}^{\lim\limits_{x\to0^+}\frac{\ln x}{x^{-1}}}=\mathrm{e}^{\lim\limits_{x\to0^+}\frac{1/x}{-x^{-2}}}=\mathrm{e}^{-\lim\limits_{x\to0^+}x}=\mathrm{e}^0=1.$$

应用洛必达法则时应注意以下问题.

(1)洛必达法则是求未定式的一种有效方法,但最好能与其他求极限的方法结合使用。例如能化简时应尽可能先化简,可以应用等价无穷小替代或重要极限时,应尽可能应用,这样可以使运算简捷。

(2)当洛必达法则的条件不满足时,不可用该法则来求极限,但极限却可能是存在的.

例 10　求 $\lim\limits_{x\to0}\dfrac{\tan x-x}{x^2\sin x}.$

解 $\lim\limits_{x\to 0}\dfrac{\tan x - x}{x^2\sin x} = \lim\limits_{x\to 0}\dfrac{\tan x - x}{x^3} = \lim\limits_{x\to 0}\dfrac{\sec^2 x - 1}{3x^2}$

$$= \lim\limits_{x\to 0}\dfrac{2\sec^2 x\tan x}{6x} = \dfrac{1}{3}\lim\limits_{x\to 0}\sec^2 x \cdot \dfrac{\tan x}{x} = \dfrac{1}{3}.$$

例 11 求 $\lim\limits_{x\to +\infty}\dfrac{x + \sin x}{x}$.

解 因为极限 $\lim\limits_{x\to +\infty}\dfrac{(x + \sin x)'}{(x)'} = \lim\limits_{x\to +\infty}\dfrac{1 + \cos x}{1}$ 不存在,所以不能用洛必

达法则,但其极限是存在的:

$$\lim\limits_{x\to +\infty}\dfrac{x + \sin x}{x} = \lim\limits_{x\to +\infty}\left(1 + \dfrac{\sin x}{x}\right) = 1.$$

习题 2.5

用洛必达法则求下列极限:

(1) $\lim\limits_{x\to 0}\dfrac{\sin ax}{\sin bx}(b\neq 0)$;

(2) $\lim\limits_{x\to 0}\dfrac{\ln(1 + x)}{x}$;

(3) $\lim\limits_{x\to 0}\dfrac{e^x - e^{-x}}{\sin x}$;

(4) $\lim\limits_{x\to 0}\dfrac{1 + xe^x - e^x}{2x^2}$;

(5) $\lim\limits_{x\to 0}\left(\dfrac{1}{x} - \dfrac{1}{e^x - 1}\right)$;

(6) $\lim\limits_{x\to 0}\dfrac{x - \sin x}{\tan x^3}$.

2.6 函数的单调性与极值、最值

2.6.1 函数单调性的判定

设曲线 $y = f(x)$ 在 (a,b) 内每一点都存在切线,且这些切线与 x 轴的正方向的夹角 α 都是锐角,即 $\tan \alpha = f'(x) > 0$,则函数 $y = f(x)$ 在 (a,b) 内是单

增的,如图2－6－1(a)所示;如果这些切线与 x 轴正向的夹角都是钝角,即 $\tan\alpha=f'(x)<0$,则函数 $y=f(x)$ 在 (a,b) 内是单减的,如图2－6－1(b)所示.

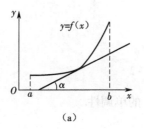 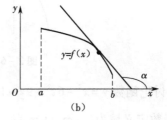

(a)   (b)

图2－6－1

定理1(函数单调性判定定理) 设函数 $y=f(x)$ 在闭区间 $[a,b]$ 上连续,在 (a,b) 内可导:

(1)如果在 (a,b) 内 $f'(x)>0$,那么函数 $y=f(x)$ 在 $[a,b]$ 内单调增加;

(2)如果在 (a,b) 内 $f'(x)<0$,那么函数 $y=f(x)$ 在 $[a,b]$ 内单调减少.

说明 定理中的闭区间 $[a,b]$ 可换成其他类型的区间,包括无穷区间,结论也成立.有些函数在整个定义域上并不具有单调性,但在其各个部分区间上却具有单调性.

例如,函数 $y=x^3$ 在 $(-\infty,+\infty)$ 内除 $x=0$ 外处处有 $y'=3x^2\geq0$,函数 $y=x^3$ 在 $(-\infty,+\infty)$ 内仍是单调增加的,如图2－6－2所示.

又如,函数 $y=\sin x-x$ 在 $(-\infty,+\infty)$ 是一个减函数.因为 $y'=\cos x-1\leq0$,当且仅当 $x=2k\pi(k\in\mathbf{Z})$ 时 $y'=0$ 成立.

确定函数的单调性的一般步骤:

(1)确定函数的定义域;

(2)求出使 $f'(x)=0$ 和 $f'(x)$ 不存在的点,并以这些点为分界点,将定义域分成若干个子区间;

(3)确定 $f'(x)$ 在各子区间内的符号,从而判定出 $f(x)$ 的单调性.

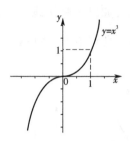

图 2 - 6 - 2

例 1　讨论函数 $y = x^3 - 6x^2 + 9x - 1$ 的单调性.

解　函数定义域为 $(-\infty, +\infty)$;

$$y' = 3x^2 - 12x + 9 = 3(x - 1)(x - 3),$$

令 $y' = 0$, 得 $x_1 = 1, x_2 = 3$.

以上各点将函数定义域分为三个子区间 $(-\infty, 1), (1, 3), (3, +\infty)$. 在各子区间内, y' 的符号以及单调性如表 2 - 6 - 1 所示.

表 2 - 6 - 1　例 1 附表

x	$(-\infty, 1)$	1	$(1, 3)$	3	$(3, +\infty)$
y'	+	0	−	0	+
y	↗		↘		↗

由表 2 - 6 - 1 可知, 函数的单调增加区间为 $(-\infty, 1)$ 和 $(3, +\infty)$, 单调减少区间为 $(1, 3)$.

2.6.2　函数的极值

如图 2 - 6 - 3 所示, 可以看出函数在点 x_2, x_5 处的函数值比它左右近旁的函数值都大, 而在点 x_1, x_4, x_6 处的函数值比它左右近旁的函数值都小, 对于这种特殊的点和它对应的函数值,我们给出如下定义.

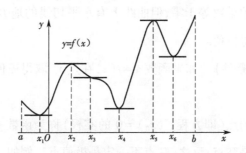

图 2-6-3

定义1 设函数 $y = f(x)$ 在区间 (a,b) 内有定义, x_0 是 (a,b) 内的一个点.

(1)若对于 x_0 的去心邻域 $\overset{\circ}{U}(x_0)$,不等式 $f(x) < f(x_0)$ 成立,则称 $f(x_0)$ 为函数 $f(x)$ 的一个极大值,点 x_0 称为 $f(x)$ 的一个极大值点.

(2)若对于 x_0 的去心邻域 $\overset{\circ}{U}(x_0)$,不等式 $f(x) > f(x_0)$ 成立,则称 $f(x_0)$ 为函数 $f(x)$ 的一个极小值,点 x_0 称为 $f(x)$ 的一个极小值点.

函数的极大值和极小值统称为函数的极值,极大值点和极小值点统称为函数的极值点.

注意 (1)函数的极大值与极小值的概念是局部性的,仅当函数单调性发生且只发生一次变化时,极值点才是最值点.

(2)函数的极大值不一定比极小值大.

(3)函数的极值一定出现在区间内部,在区间端点处不能取得极值.

比如在图 2-6-3 中,函数 $y = f(x)$ 有两个极大值 $f(x_2)$, $f(x_5)$,三个极小值 $f(x_1)$, $f(x_4)$, $f(x_6)$,其中极大值 $f(x_2)$ 比极小值 $f(x_6)$ 还小,就整个区间 $[a,b]$ 而言,只有一个极小值 $f(x_1)$,同时它也是最小值,而没有一个极大值是最大值.

从图 2 - 6 - 3 中还可看到,在函数取得极值处,曲线的切线是水平的,即函数在极值点处的导数等于零,但曲线上有水平切线的地方(如 $x = x_3$ 处),函数却不一定取得极值.

定理 2(必要条件) 如果函数 $y = f(x)$ 在点 x_0 取得极值,且在 x_0 可导,则 $f'(x_0) = 0$.

使导数为零的点(即方程 $f'(x_0) = 0$ 的实根)称为函数 $y = f(x)$ 的驻点。可导的极值点必是驻点;反之,驻点不一定是极值点。例如,$x = 0$ 是函数 $y = x^3$ 的驻点,但该点不是极值点.

除了驻点外,函数的不可导点也可能是极值点. 如点 $x = 0$ 就是函数 $y = x^{2/3}$ 的不可导的极小值点,如图 2 - 6 - 4 所示.

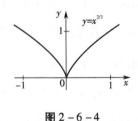

图 2 - 6 - 4

综上所述,函数的驻点和不可导点,都可能成为函数的极值点,但并非所有的驻点和不可导点都是极值点. 判断驻点和不可导点是不是极值点,可使用如下定理.

定理 3(第一充分条件) 设函数 $y = f(x)$ 在点 x_0 的某邻域内可导且 $f'(x_0) = 0$(或 $f'(x_0)$ 不存在):

(1)如果当 x 取 x_0 左侧邻近的值时 $f'(x) > 0$,当 x 取 x_0 右侧邻近的值时 $f'(x) < 0$,则函数 $y = f(x)$ 在点 x_0 处取得极大值;

(2)如果当 x 取 x_0 左侧邻近的值时 $f'(x) < 0$,当 x 取 x_0 右侧邻近的值时 $f'(x) > 0$,则函数 $y = f(x)$ 在点 x_0 处取得极小值;

(3)如果当 x 取 x_0 两侧邻近的值时,$f'(x)$ 同号,则函数 $y = f(x)$ 在点 x_0 处取不到极值.

求函数极值点和极值的步骤:

(1)求出函数的定义域;

(2)求出导数 $f'(x)$;

(3)令 $f'(x_0) = 0$,求出 $f(x)$ 的全部驻点和导数不存在的点;

(4)用驻点和导数不存在的点把函数的定义域划分成若干子区间,列表考察每个子区间内 $f'(x)$ 的符号,确定极值点;

(5)求出各极值点的函数值,即得函数 $f(x)$ 的全部极值.

例2 求出函数 $y = x^3 - 3x^2 - 9x + 5$ 的极值.

解 函数定义域为 $(-\infty, +\infty)$;

$$y' = 3x^2 - 6x - 9 = 3(x+1)(x-3),$$

令 $y' = 0$,得 $x_1 = -1, x_2 = 3$.

函数在定义域内没有不可导点,列表 2 - 6 - 2 讨论.

表 2 - 6 - 2　例2 附表

x	$(-\infty, -1)$	-1	$(-1,3)$	3	$(3, +\infty)$
y'	$+$	0	$-$	0	$+$
y	↗	极大值 10	↘	极小值 -22	↗

由表 2 - 6 - 2 可知,函数的极大值为 $f(-1) = 10$,极小值为 $f(3) = -22$.

例3 求出函数 $y = 1 - \sqrt[3]{(x-2)^2}$ 的极值.

解 函数定义域为 $(-\infty, +\infty)$;

— 59 —

$$y' = -\frac{2}{3}(x-2)^{-\frac{1}{3}} = -\frac{2}{3\sqrt[3]{x-2}},$$

当 $x = 2$ 时 y' 无意义,即 $x = 2$ 是函数导数不存在的点,函数在定义域内没有驻点,列表 2-6-3 讨论.

表 2-6-3　例 3 附表

x	$(-\infty, 2)$	2	$(2, +\infty)$
y'	+	不存在	-
y	↗	极大值 1	↘

由表 2-6-3 可知,函数的极大值为 $f(2) = 1$.

例 4　求函数 $y = (x-4)\sqrt[3]{(x+1)^2}$ 的极值.

解　$y' = (x+1)^{\frac{2}{3}} + \frac{2}{3}(x-4)(x+1)^{-\frac{1}{3}}$

$$= \frac{3(x+1) + 2(x-4)}{3(x+1)^{\frac{1}{3}}} = \frac{5(x-1)}{3\sqrt[3]{x+1}}.$$

令 $y' = 0$,得驻点 $x = 1$. 此外,函数有不可导点 $x = -1$,列表 2-6-4 加以讨论.

表 2-6-4　例 4 附表

x	$(-\infty, -1)$	-1	$(-1, 1)$	1	$(1, +\infty)$
y'	+	不存在	-	0	+
y	↗	极大值 0	↘	极小值 $-3\sqrt[3]{4}$	↗

所以极大值是 $y\big|_{x=-1} = 0$,极小值是 $y\big|_{x=1} = -3\sqrt[3]{4}$.

定理 4（第二充分条件）　设函数 $y = f(x)$ 在点 x_0 存在二阶导数，且 $f'(x_0) = 0$（即 x_0 是驻点）：

（1）如果 $f''(x_0) < 0$，则 $y = f(x)$ 在点 x_0 取得极大值；

（2）如果 $f''(x_0) > 0$，则 $y = f(x)$ 在点 x_0 取得极小值；

（3）如果 $f''(x_0) = 0$，则定理失效，$y = f(x)$ 在点 x_0 可能取得极值，也可能不取得极值.

例 5　求出函数 $y = (x^2 - 1)^3 + 1$ 的极值.

解　函数定义域为 $(-\infty, +\infty)$；

$$f'(x) = 6x (x^2 - 1)^2,$$

令 $f'(x) = 0$，得 $x_1 = -1, x_2 = 0, x_3 = 1$，函数在定义域内没有不可导点；

$$f''(x) = 6(x^2 - 1)(5x^2 - 1),$$

得 $f''(0) = 6 > 0$，所以 $x = 0$ 为极小值点，极小值为 $f(0) = 0$.

因为 $f''(-1) = f''(1) = 0$，定理失效，需用定理 1 列表 2 - 6 - 5 讨论.

表 2 - 6 - 5　例 5 附表

x	$(-\infty, -1)$	-1	$(-1, 0)$	0	$(0, 1)$	1	$(1, +\infty)$
y'	$-$	0	$-$	0	$+$	0	$+$
y	↘	非极值	↘	极小值 0	↗	非极值	↗

由表 2 - 6 - 5 可知，函数的极小值为 $f(0) = 0$.

2.6.3　函数的最大值与最小值

在工程技术、科学实验、生产和管理中，常常需要解决怎样使"用料最省""成本最低""利润最大""效率最高"等问题. 这类问题称为最优化问题.

这些问题在数学上往往归结为求一个函数的最大值或最小值. 本节讨论函数的最大值与最小值的求法及其应用.

定义2 设函数 $y=f(x)$ 是 $[a,b]$ 上的连续函数, 如果在点 x_0 处的函数值 $f(x_0)$ 与区间上其余各点 $x \neq x_0$ 的函数值 $f(x)$ 相比较, 都有:

(1) $f(x) \leqslant f(x_0)$ 成立, 则称 $f(x_0)$ 为此函数在 $[a,b]$ 上的最大值, 称点 x_0 为此函数在 $[a,b]$ 上的最大值点;

(2) $f(x) \geqslant f(x_0)$ 成立, 则称 $f(x_0)$ 为此函数在 $[a,b]$ 上的最小值, 称点 x_0 为此函数在 $[a,b]$ 上的最小值点.

最大值和最小值统称为最值. 最值是一个整体性的概念, 而极值是一个局部性的概念.

定理5 函数 $y=f(x)$ 在闭区间上的最值要么是极值, 要么是区间端点函数值.

定理6 如果函数 $y=f(x)$ 在闭区间 $[a,b]$ 上的全部驻点或不可导点是 $x_k(k=1,2,\cdots,n)$, 则 $y=f(x)$ 在闭区间 $[a,b]$ 上的最大值是

$$\max\{f(x_1),f(x_2),\cdots,f(x_n),f(a),f(b)\},$$

最小值是

$$\min\{f(x_1),f(x_2),\cdots,f(x_n),f(a),f(b)\}.$$

所以, 求函数 $y=f(x)$ 在闭区间 $[a,b]$ 上的最值的方法是:

(1) 求出 $y=f(x)$ 在 (a,b) 内的所有驻点和不可导点;

(2) 求出函数在上述点处和区间端点处的函数值;

(3) 比较上述函数值的大小, 其中最大者为最大值, 最小者为最小值.

例6 求函数 $y=x^5-5x^4+5x^3+1$ 在闭区间 $[-1,2]$ 上的最大值和最小值.

解 $f'(x)=5x^4-20x^3+15x^2=5x^2(x-1)(x-3)$, 令 $f'(x)=0$, 得驻点

$x_1 = x_2 = 0, x_3 = 1, x_4 = 3$（不在区间 $[-1, 2]$ 内,舍去）,且有

$$f(0) = 0^5 - 5 \times 0^4 + 5 \times 0^3 + 1 = 1,$$

$$f(1) = 1^5 - 5 \times 1^4 + 5 \times 1^3 + 1 = 2,$$

$$f(-1) = (-1)^5 - 5 \times (-1)^4 + 5 \times (-1)^3 + 1 = -10,$$

$$f(2) = 2^5 - 5 \times 2^4 + 5 \times 2^3 + 1 = -7.$$

计算表明,函数在闭区间 $[-1, 2]$ 上的最小值为 $f(-1) = -10$,最大值为 $f(1) = 2$.

在实际问题中,如果 $f(x)$ 在一个区间(有限或无限,开或闭)内可导且只有一个极值点,那么当 $f(x_0)$ 是极大值时, $f(x_0)$ 就是 $f(x)$ 在该区间上的最大值,如图 $2-6-5(a)$ 所示;当 $f(x_0)$ 是极小值时, $f(x_0)$ 就是 $f(x)$ 在该区间上的最小值,如图 $2-6-5(b)$ 所示.

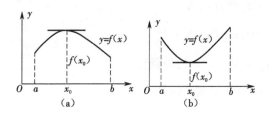

图 $2-6-5$

例 7 (最大利润问题)　某厂生产某种榨汁机每日的固定成本为 0.5（万元）. 每生产 1（百台）产品直接消耗的成本为 0.25（万元）. 市场对这种榨汁机的每日需求量最大为 5（百台）,在此范围内产品能全部售出,销售收入函数为 $5q - 0.5q^2$（万元）,其中 q（单位:百台）是日销售量. 如果日产量超出 5（百台）,产品就会积压. 问日产量为多少时,才能使利润最大?

解　设日产量为 x 百台时取得最大利润. 根据题意,应有 $0 \leqslant x \leqslant 5$,此时总成本为 $C(x) = 0.5 + 0.25x$（万元）,总收益为 $R(x) = 5x - 0.5x^2$,从而得利

润为

$$L(x) = R(x) - C(x) = 4.75x - 0.5x^2 - 0.5 (0 \leqslant x \leqslant 5),$$

$$L'(x) = 4.75 - x,$$

令 $L'(x) = 0$,得唯一驻点 $x = 4.75$(百台).

又 $L''(4.75) = -1 < 0$,因此 $x = 4.75$ 是极大值点,由题意知,某厂必然存在最大利润,那么 $x = 4.75$ 就是最大值点. 故当日产量为 475 台时,该厂可获得最大利润 $L(4.75) \approx 10.78$ 万元.

习题 2.6

1. 已知函数 $y = f(x)$ 在区间 I 存在一阶导数,在下列各题空格中填"递增"或"递减":

(1)如果 $y' > 0$,则 $f(x)$ 在 I _____;

(2)如果 $y' < 0$,则 $f(x)$ 在 I _____.

2. 判定函数 $y = x + \cos x$ 的单调性.

3. 确定下列函数的单调区间:

(1)$y = -2x^3 + 6x - 3$;   (2)$y = x\sqrt{8 - x^2}$;

(3)$y = xe^{-x}$;   (4)$y = \ln(1 + x^2)$.

4. 设某种微波炉的利润函数为 $L(x) = -2x^3 + 39x^2 - 72x - 600$(万元),其中 x(单位:万台)是产量. 确定该产品利润增长和减少的区间.

5. 用适当的方法求下列函数的极值:

(1)$y = x^3 - 12x + 4$;   (2)$y = x^{2/3}(x + 2)$.

6. 求函数 $y = 2x^3 - 3x^2$ 在闭区间 $[-1, 4]$ 上的最大值和最小值.

7. 求函数 $y = 2x^3 - 6x^2 - 18x + 37$ 在闭区间 $[1, 4]$ 上的最大值和最小值.

8. 某种自行车月产量为 x(单位:万辆)时的总成本为 $C(x) = 25 + 100x$

$+0.01x^2$(万元). 求每辆自行车的平均成本 $C(x)/x$ 最低时的月产量及最低平均成本.

9. 某企业生产某种毛巾 x 万条的成本为 $C(x) = 5x + 10$(万元),销售收入为 $R(x) = 10x - 0.01x^2$(万元),求应生产多少万条毛巾,才能使总利润 L 为最大,并求出最大总利润.

习题 2

一、填空题

1. 已知 $y = f'(x_0)$ 存在,则 $\lim\limits_{\Delta x \to 0} \dfrac{f(x_0 + \Delta x) - f(x_0)}{\Delta x} = $ _____.

2. 曲线 $y = e^{x^3}$ 在点 $(-1, 1)$ 处的切线方程为_____.

3. 已知 $y = x^2 + 2^x$,则 $y'' = $ _____.

4. 函数 $y = f(x)$ 在点 $x = a$ 处连续是 $y = f(x)$ 在 $x = a$ 处可导的_____条件.

5. 设 $f(x) = (1 + x^2)\arctan x$,则 $f'(0) = $ _____.

二、解答题

1. 求下列函数的导数:

(1) $y = x^5 \ln x$;   (2) $y = \dfrac{3e^x}{1 + x^2}$;   (3) $y = \ln \cos x$;

(4) $y = e^{-x}\ln(1 + x^2)$;   (5) $y = e^{x^2}\cos 3x$;   (6) $y = \ln \sec 3x$.

2. 求下列函数的二阶导数:

(1) $y = x\arctan x$;   (2) $y = \sin 2x$.

3. 求下列函数的 n 阶导数:

(1) $y = a^x (a > 0 \text{ 且 } a \neq 1)$;   (2) $y = \cos^2 x$.

4. 求下列函数的微分:

$(1) y = \sin^2 x \cos 3x;$ $\qquad (2) y = e^x \cos 5x;$ $\qquad (3) y = \ln(1 + 3x).$

5. 用适当的方法求下列函数的极值：

$(1) y = 2x^3 - 6x + 4;$ $\qquad (2) y = 2x^3 - 6x^2 - 18x + 7.$

6. 求函数 $y = x^4 - 2x^2 + 5$ 在闭区间 $[-2, 2]$ 上的最大值和最小值.

第3章 积分及其应用

积分学是微积分的另一个重要组成部分.不定积分作为导数的逆运算,不但可用于解决定积分的计算问题,而且在求解初值问题等方面也有重要的应用.定积分是积分学的基础,在实际中有着广泛的应用.

3.1 不定积分的概念与性质

3.1.1 概念与性质

1.不定积分的概念

定义 1(原函数) 设 $f(x)$ 是定义在区间 I 上的函数,如果存在函数 $F(x)$ 使得对任意的 $x \in I$ 均有 $F'(x) = f(x)$,或 $\mathrm{d}F(x) = f(x)\mathrm{d}x$,则称 $F(x)$ 为 $f(x)$ 在区间 I 上的一个原函数.

例如,$(\sin x)' = \cos x$,所以 $\sin x$ 是 $\cos x$ 的一个原函数.

定理(原函数存在定理) 如果函数 $f(x)$ 在区间 I 上连续,则函数 $f(x)$ 必有原函数.

设 $f(x)$ 有一个原函数 $F(x)$,显然 $F(x) + C$ 也是 $f(x)$ 的原函数,其中 C 是任意常数,即 $f(x)$ 有无数个原函数.

定义 2(不定积分) 函数 $f(x)$(在区间 I)的带有任意常数项的原函数称为 $f(x)$(在区间 I)的不定积分,记作 $\int f(x)\mathrm{d}x$.

其中, $\int$ 称为积分号, $f(x)$ 称为被积函数, $f(x)\,\mathrm{d}x$ 称为被积表达式, x 称为积分变量.

易知,如果 $F(x)$ 是 $f(x)$ 的一个原函数,则

$$\int f(x)\,\mathrm{d}x = F(x) + C(C \text{ 是任意常数}).$$

例如, $\int x^2\,\mathrm{d}x = \dfrac{x^3}{3} + C$; $\int \cos x\,\mathrm{d}x = \sin x + C$.

2. 不定积分的性质

可以证明,不定积分有下面的性质.

性质1 $\left(\int f(x)\,\mathrm{d}x\right)' = f(x)$,或 $\mathrm{d}\left(\int f(x)\,\mathrm{d}x\right) = f(x)\,\mathrm{d}x$.

性质2 $\int f'(x)\,\mathrm{d}x = f(x) + C$,或 $\int \mathrm{d}f(x) = f(x) + C$.

上述性质说明,求不定积分与求导数是一对互逆运算.

例1 检验 $\int x\cos x\,\mathrm{d}x = x\sin x + \cos x + C$ 是否成立.

解 因为 $(x\sin x + \cos x + C)' = \sin x + x\cos x - \sin x = x\cos x$,因此所给的等式成立.

性质3 $\int [f(x) \pm g(x)]\,\mathrm{d}x = \int f(x)\,\mathrm{d}x \pm \int g(x)\,\mathrm{d}x$.

性质4 $\int kf(x)\,\mathrm{d}x = k\int f(x)\,\mathrm{d}x(k \text{ 是常数})$.

3.1.2 基本积分公式

由基本初等函数的导数公式,可得到下面的基本积分公式:

$(1) \int k\,\mathrm{d}x = kx + C(k \text{ 为常数})$;

(2) $\int x^{\alpha} \mathrm{d}x = \dfrac{x^{\alpha+1}}{\alpha+1} + C (\alpha \neq -1)$;

(3) $\int a^{x} \mathrm{d}x = \dfrac{a^{x}}{\ln a} + C$, 特别地, $\int \mathrm{e}^{x} \mathrm{d}x = \mathrm{e}^{x} + C$;

(4) $\int \dfrac{1}{x} \mathrm{d}x = \ln |x| + C$;

(5) $\int \cos x \mathrm{d}x = \sin x + C$;

(6) $\int \sin x \mathrm{d}x = -\cos x + C$;

(7) $\int \sec^{2} x \mathrm{d}x = \tan x + C$;

(8) $\int \csc^{2} x \mathrm{d}x = -\cot x + C$;

(9) $\int \sec x \tan x \mathrm{d}x = \sec x + C$;

(10) $\int \csc x \cot x \mathrm{d}x = -\csc x + C$;

(11) $\int \dfrac{1}{\sqrt{1-x^{2}}} \mathrm{d}x = \arcsin x + C$;

(12) $\int \dfrac{1}{1+x^{2}} \mathrm{d}x = \arctan x + C.$

例 2 求 $\int \left(x^{2} + \dfrac{3}{x} \right) \mathrm{d}x$.

解 原式 $= \int x^{2} \mathrm{d}x + 3 \int \dfrac{1}{x} \mathrm{d}x = \dfrac{2}{3} x^{3} + 3\ln |x| + C.$

例 3 求 $\int \dfrac{(x+1)^{2}}{x^{3}} \mathrm{d}x$.

解 原式 $= \int \dfrac{x^{2}+2x+1}{x^{3}} \mathrm{d}x = \int (x^{-1} + 2x^{-2} + x^{-3}) \mathrm{d}x$

$$= \ln|x| - \frac{2}{x} - \frac{1}{2x^2} + C.$$

例 4 求 $\int \frac{x^4}{x^2+1} dx.$

解 原式 $= \int \frac{x^4-1+1}{1+x^2} dx = \int \left(x^2 - 1 + \frac{1}{1+x^2} \right) dx$

$$= \int x^2 dx - \int 1 dx + \int \frac{1}{1+x^2} dx$$

$$= \frac{x^3}{3} - x + \arctan x + C.$$

例 5 求 $\int \frac{1}{\sin^2 x \cos^2 x} dx.$

解 原式 $= \int \frac{\sin^2 x + \cos^2 x}{\sin^2 x \cos^2 x} dx = \int \frac{1}{\cos^2 x} dx + \int \frac{1}{\sin^2 x} dx$

$$= \tan x - \cot x + C.$$

通过上面的例题可知,设法化简被积函数为和式,然后再逐项积分,是一种重要的解题方法,实现"化和"可以通过代数变形、三角变形、分子分母有理化、通分等方式.

例 6 已知曲线 $y = f(x)$ 在任一点的切线斜率是 $2x$,且曲线通过点 $(1,2)$,求此曲线的方程.

解 由题意可得,$f'(x) = 2x$,则有

$$f(x) = \int 2x dx = x^2 + C,$$

已知曲线通过点 $(1,2)$,带入可得

$$2 = 1^2 + C, C = 1,$$

于是

$$f(x) = x^2 + 1.$$

习题 3.1

1. 求下列不定积分:

(1) $\int (2 + 3x)\,\mathrm{d}x$;

(2) $\int \left(3x^2 - \dfrac{x}{2}\right)\mathrm{d}x$;

(3) $\int \dfrac{1 + x^2}{x}\,\mathrm{d}x$;

(4) $\int (x - 1)(x + 2)\,\mathrm{d}x$;

(5) $\int \left(\sqrt{x} - \dfrac{1}{\sqrt{x}}\right)^2 \mathrm{d}x$;

(6) $\int \dfrac{x + 1}{\sqrt{x}}\,\mathrm{d}x$.

2. 设生产 x 套某种灯具的总成本 C(单位:万元)是 x 的函数,已知总成本的变化率是 0.05 万元/套,当生产 1 000 套这种灯具时,总成本是 78 万元. 求总成本与产量的函数关系式.

3. 某种健身器材的边际成本函数为 $C'(x) = 3\,000 - 2x$(元/台),其中 $0 \le x \le 2\,000$(单位:台)是产量,固定成本为 50 万元. 求总成本函数.

3.2　不定积分的积分方法

定理 1(第一换元法)　如果 $f(u)$ 在区间 I 上连续,$u = \varphi(x)$ 在对应区间上具有连续的导数,设 $F(u)$ 是 $f(u)$ 的一个原函数,即有

$$\int f(u)\,\mathrm{d}u = F(u) + C,$$

则有

$$\int f[\varphi(x)]\varphi'(x)\,\mathrm{d}x = F[\varphi(x)] + C. \tag{1}$$

事实上,由链式法则,有 $\{F[\varphi(x)]\}' = F'(u)\varphi'(x) = f[\varphi(x)]\varphi'(x)$,

即 $F[\varphi(x)]$ 是 $f[\varphi(x)]\varphi'(x)$ 的一个原函数,因此式(1)成立.

如果把被积表达式 $f(x)\mathrm{d}x$ 看作 $f(x)$ 乘以 $\mathrm{d}x$,把 $\mathrm{d}x$ 看作 x 的微分,则式 (1) 还可以写成

$$\int f[\varphi(x)]\mathrm{d}\varphi(x) = F[\varphi(x)] + C. \tag{2}$$

在计算不定积分时,如果已知 $\int f(x)\mathrm{d}x = F(x) + C$,常将式(1)左边化为式(2)左边来计算. 这种方法称为第一类换元积分法. 将 $\varphi'(x)\mathrm{d}x$ 化为 $\mathrm{d}\varphi(x)$ 的过程称为凑微分. 因此,这种换元积分法又称为凑微分法.

例1　求 $\int (2x+1)^5\mathrm{d}x$.

解　设 $u = 2x+1$,则 $\mathrm{d}u = 2\mathrm{d}x$,$\mathrm{d}x = \dfrac{1}{2}\mathrm{d}u$,代入原式得

$$\int (2x+1)^5\mathrm{d}x = \frac{1}{2}\int u^5\mathrm{d}u = \frac{u^6}{12} + C = \frac{1}{12}(2x+1)^6 + C.$$

例2　求 $\int \cos\left(2x + \dfrac{\pi}{4}\right)\mathrm{d}x$.

解　设 $u = 2x + \dfrac{\pi}{4}$,则 $\mathrm{d}u = 2\mathrm{d}x$,$\mathrm{d}x = \dfrac{1}{2}\mathrm{d}u$,带入原式得

$$\frac{1}{2}\int \cos u\,\mathrm{d}u = \frac{1}{2}\sin u + C = \frac{1}{2}\sin\left(2x + \frac{\pi}{4}\right) + C.$$

熟练之后就可以不用设 u,直接在积分式中进行凑微分,常用的凑微分有以下几种形式:

$(1)\,\mathrm{d}x = \dfrac{1}{a}\mathrm{d}(ax+b)$;　　　　　$(2)\,\dfrac{1}{x}\mathrm{d}x = \mathrm{d}(\ln x)(x>0)$;

$(2)\,a^x\mathrm{d}x = \dfrac{1}{\ln a}\mathrm{d}(a^x)$;　　　　$(4)\,x^{n-1}\mathrm{d}x = \dfrac{1}{n}\mathrm{d}(x^n)$;

$(5)\,\mathrm{e}^x\mathrm{d}x = \mathrm{d}(\mathrm{e}^x)$;　　　　　　$(6)\,\sin x\mathrm{d}x = -\mathrm{d}(\cos x)$;

$(6)\,\cos x\mathrm{d}x = \mathrm{d}(\sin x)$;　　　　$(8)\,\csc^2 x\mathrm{d}x = \dfrac{1}{\sin^2 x}\mathrm{d}x = -\mathrm{d}(\cot x)$;

$(9) \sec^2 x \mathrm{d}x = \dfrac{1}{\cos^2 x} \mathrm{d}x = \mathrm{d}(\tan x);$　　$(10) \dfrac{1}{x^2} \mathrm{d}x = -\mathrm{d}\left(\dfrac{1}{x}\right);$

$(11) \dfrac{1}{\sqrt{x}} \mathrm{d}x = 2\mathrm{d}(\sqrt{x});$　　　　　$(12) \dfrac{1}{1+x^2} \mathrm{d}x = \mathrm{d}(\arctan x);$

$(13) \dfrac{1}{\sqrt{1-x^2}} \mathrm{d}x = \mathrm{d}(\arcsin x).$

例 3　求 $\displaystyle\int (2x-3)^{10} \mathrm{d}x.$

解　原式 $= \dfrac{1}{2}\displaystyle\int (2x-3)^{10} \mathrm{d}(2x-3) = \dfrac{1}{2} \cdot \dfrac{(2x-3)^{11}}{11} + C$

$\qquad = \dfrac{(2x-3)^{11}}{22} + C.$

例 4　求 $\displaystyle\int \dfrac{1}{a^2+x^2} \mathrm{d}x.$

解　原式 $= \dfrac{1}{a^2}\displaystyle\int \dfrac{1}{1+\dfrac{x^2}{a^2}} \mathrm{d}x = \dfrac{1}{a}\displaystyle\int \dfrac{1}{1+\left(\dfrac{x}{a}\right)^2} \mathrm{d}\left(\dfrac{x}{a}\right) = \dfrac{1}{a}\arctan \dfrac{x}{a} + C.$

例 5　求 $\displaystyle\int \dfrac{x}{2+x^2} \mathrm{d}x.$

解　原式 $= \dfrac{1}{2}\displaystyle\int \dfrac{1}{2+x^2} \mathrm{d}(x^2+2) = \dfrac{1}{2}\ln(2+x^2) + C.$

例 6　求 $\displaystyle\int \tan x \mathrm{d}x.$

解　原式 $= \displaystyle\int \dfrac{\sin x}{\cos x} \mathrm{d}x = -\displaystyle\int \dfrac{1}{\cos x} \mathrm{d}(\cos x) = -\ln|\cos x| + C.$

例 7　求 $\displaystyle\int \cos^2 x \mathrm{d}x.$

解　原式 $= \displaystyle\int \dfrac{1+\cos 2x}{2} \mathrm{d}x = \dfrac{1}{2}\displaystyle\int 1 \mathrm{d}x + \dfrac{1}{2}\displaystyle\int \cos 2x \mathrm{d}x$

$$= \frac{1}{2}x + \frac{1}{4}\int \cos 2x \mathrm{d}(2x)$$

$$= \frac{1}{2}x + \frac{1}{4}\sin 2x + C.$$

积分方法灵活多变,需要大量的练习才能掌握好,尤其是直接凑微分法. 另外,一个不定积分若采取不同的方法,可能得出形式不同的结果,例如下面的例子.

例 8 求 $\int \sin x \cos x \mathrm{d}x$.

解法 1 原式 $= \int \sin x \mathrm{d}(\sin x) = \frac{1}{2}\sin^2 x + C$.

解法 2 原式 $= -\int \cos x \mathrm{d}(\cos x) = -\frac{1}{2}\cos^2 x + C$.

解法 3 原式 $= \frac{1}{2}\int \sin 2x \mathrm{d}x = \frac{1}{4}\int \sin 2x \mathrm{d}(2x) = -\frac{1}{4}\cos 2x + C$.

可以验证,这三个结果都是正确的,三个原函数之间彼此只差一个常数.

习题 3. 2

1. 求下列不定积分:

(1) $\int \dfrac{1}{5-2x}\mathrm{d}x$;

(2) $\int \dfrac{2x}{x^2+5}\mathrm{d}x$;

(3) $\int (2x-5)^5 \mathrm{d}x$;

(4) $\int \dfrac{2}{x \ln^2 x}\mathrm{d}x$;

(5) $\int \dfrac{1}{\sqrt[3]{3-2x}}\mathrm{d}x$;

(6) $\int x(1+2x^2)^2 \mathrm{d}x$.

2. 设生产 x 套某种灯具的总成本 C(单位:万元)是 x 的函数,已知总成本的变化率是 0. 05 万元/套,当生产 1 000 套这种灯具时,总成本是 78 万元. 求总成本与产量的函数关系式.

3.3 定积分的概念和性质

3.3.1 曲边梯形的面积

在中学我们学过计算由线段或圆弧所围成的平面图形的面积. 在实际应用中,我们常常需要计算由更多的平面曲线所围成的平面图形的面积,如图 3 - 3 - 1(a)所示. 为了把问题简化,我们可用一些互相垂直的线段,将它们分割成一些矩形或如图 3 - 3 - 1(b)所示的图形,后者称为曲边梯形. 矩形的面积已可计算,因此只要能计算出曲边梯形的面积,也就能计算一般平面图形的面积.

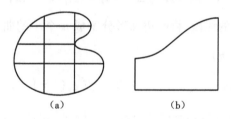

(a)   (b)

图 3 - 3 - 1

通过如图 3 - 3 - 1(a)的分割,将计算一般平面图形的面积归结为计算矩形和如图 3 - 3 - 1(b)的曲边梯形的面积.

下面我们来导出曲边梯形的面积 A 的计算公式.

如图 3 - 3 - 2 所示建立直角坐标系,设曲边梯形是由连续曲线 $y = f(x)$ $(f(x) \geq 0)$,直线 $x = a, x = b(a < b)$ 以及 x 轴所围成的. 用"以直代曲,无限逼近"的思想方法导出曲边梯形面积的计算公式.

(1)在区间 $[a,b]$ 内任意插入 $n - 1$ 个分点 $x_k(k = 1,2,\cdots,n - 1)$,并令 a

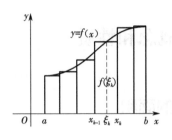

图 3 – 3 – 2

$= x_0, b = x_n.$ 不妨设

$$a = x_0 < x_1 < x_2 < \cdots < x_{n-1} < x_n = b,$$

它们把 $[a,b]$ 分成 n 个小区间:

$$[x_0, x_1], [x_1, x_2], \cdots, [x_{n-1}, x_n].$$

第 k 个小区间 $[x_{k-1}, x_k]$ 的长度为 $\Delta x_k = x_k - x_{k-1}(k = 1, 2, \cdots, n).$ 经过每一个分点作与 x 轴垂直的线段,将曲边梯形分割成 n 个小的曲边梯形. 设其面积为 $\Delta A_k(k = 1, 2, \cdots, n).$

(2)在各个小区间 $[x_{k-1}, x_k]$ 上任取一点 $\xi_k(k = 1, 2, \cdots, n)$,作以 Δx_k 为底,$f(\xi_k)$ 为高的小矩形,以其面积 $f(\xi_k)\Delta x_k(k = 1, 2, \cdots, n)$ 近似代替对应的小曲边梯形的面积,即

$$\Delta A_k \approx f(\xi_k)\Delta x_k(k = 1, 2, \cdots, n).$$

(3)将以上各式两边求和,有

$$A \approx \sum_{k=1}^{n} f(\xi_k)\Delta x_k.$$

Δx_k 越小,即把 $[a,b]$ 分得越细,上式的近似程度越好.

(4)取 $\lambda = \max\{\Delta x_1, \Delta x_2, \cdots, \Delta x_n\}$,令 $\lambda \to 0$,将 $\sum_{k=1}^{n} f(\xi_k)\Delta x_k$ 取极限,便得曲边梯形的面积 A,即

$$A = \lim_{\lambda \to 0} \sum_{k=1}^{n} f(\xi_k) \Delta x_k.$$

3.3.2 定积分的概念

像求曲边梯形的面积这样以"分割→近似代替（以直代曲）→求和→取极限"的步骤计算,结果为一个特定结构的和的极限的问题还有很多. 如求立体的体积、求曲线的弧长、求曲面的面积;在物理学中由变化的速度求位移、求变力所做的功等. 这些计算通常十分复杂. 为了寻求一般的解决方法,我们引入下面定积分的概念.

定义（定积分） 设函数 $y = f(x)$ 在闭区间 $[a,b]$ 上有定义. 在区间 (a, b) 内任意插入 $n-1$ 个分点 $x_k(k=1,2,\cdots,n-1)$,并令 $a=x_0,b=x_n$,不妨设 $a = x_0 < x_1 < x_2 < \cdots < x_{n-1} < x_n = b$,它们把 $[a,b]$ 分割成 n 个小区间:

$$[x_0,x_1],[x_1,x_2],\cdots,[x_{n-1},x_n].$$

第 k 个小区间的长度为 $\Delta x_k = x_k - x_{k-1}(k=1,2,\cdots,n)$.

在小区间 $[x_{k-1},x_k]$ 内任意取一点 $\xi_k(k=1,2,\cdots,n)$,作和

$$S = \sum_{k=1}^{n} f(\xi_k) \Delta x_k,$$

S 称为积分和（也叫黎曼（Riemann）和）.

记 $\lambda = \max\{\Delta x_1, \Delta x_2, \cdots, \Delta x_n\}$,如果对于 $[a, b]$ 的任意分法和 ξ_k 在 $[x_{k-1},x_k]$ 内的任意取法,当 $\lambda \to 0$ 时,积分和 S 总有相同的极限 I,则称函数 $y = f(x)$ 在闭区间 $[a, b]$ 上可积,称 I 是函数 $y = f(x)$ 在闭区间 $[a, b]$ 上的定积分,记作 $\int_a^b f(x)\,\mathrm{d}x$,即有

$$\int_a^b f(x)\,\mathrm{d}x = I = \lim_{\lambda \to 0} \sum_{k=1}^{n} f(\xi_k) \Delta x_k.$$

记号 $\int_a^b f(x)\,\mathrm{d}x$ 源自莱布尼茨的著作,其中 $f(x)$ 称为被积函数,$f(x)\,\mathrm{d}x$ 称为被积表达式,x 称为积分变量,$[a,b]$ 称为积分区间,a 和 b 分别称为积分下限和积分上限,统称为积分限.$\int$ 称为积分号,它实际上是一个拉长的"s",意指定积分是一种特殊的"和"(sum),因此有时也把定积分计算称为"连续累加".

定积分 $\int_a^b f(x)\,\mathrm{d}x$ 是否存在,或它的值是多少,只与被积函数 $f(x)$ 和积分区间 $[a,b]$ 有关,与积分变量取什么字母无关,例如 $\int_a^b f(x)\,\mathrm{d}x$、$\int_a^b f(u)\,\mathrm{d}u$、$\int_a^b f(t)\,\mathrm{d}t$ 表示的是同一个定积分.

如果函数 $y=f(x)$ 在闭区间 $[a,b]$ 上连续,则 $y=f(x)$ 在 $[a,b]$ 上可积,即函数在闭区间连续是可积的充分条件.

定积分的几何意义:根据定积分的定义,前面讨论的曲边梯形的面积可表示为

$$A = \int_a^b f(x)\,\mathrm{d}x,$$

反过来,如果 $f(x) \geq 0$,则定积分 $\int_a^b f(x)\,\mathrm{d}x$ 在几何上表示由曲线 $y=f(x)$,直线 $x=a$,$x=b$ 以及 x 轴所围成的曲边梯形的面积;如果 $f(x)<0$,则定积分 $\int_a^b f(x)\,\mathrm{d}x$ 的值为曲边梯形的面积的相反数,即 $\int_a^b f(x)\,\mathrm{d}x = -A.$

如果 $f(x)$ 在区间 $[a,b]$ 上有正有负(图 3-3-3),则

$$\int_a^b f(x)\,\mathrm{d}x = A_1 - A_2 + A_3.$$

例 1 利用定积分的几何意义计算定积分 $\int_{-4}^4 \sqrt{16-x^2}\,\mathrm{d}x.$

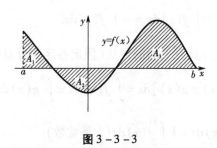

图 3 - 3 - 3

解　根据定积分的几何意义，$\int_{-4}^{4}\sqrt{16-x^2}\,\mathrm{d}x$ 在几何上表示由曲线 $y=$ $\sqrt{16-x^2}$，直线 $x=-4$，$x=4$ 及 x 轴所围成的曲边梯形的面积. 该曲边梯形如图 3 - 3 - 4 所示，这是半径为 4 的半圆盘，其面积为 $\dfrac{1}{2}\cdot\pi\cdot 4^2=8\pi$. 因此

$$\int_{-4}^{4}\sqrt{16-x^2}\,\mathrm{d}x=8\pi.$$

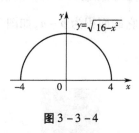

图 3 - 3 - 4

3.3.3　定积分的性质

根据定积分 $\int_{a}^{b}f(x)\,\mathrm{d}x$ 的定义，应有 $a<b$. 但根据计算的需要，我们作下面两点规定：

$(1)\displaystyle\int_{a}^{a}f(x)\,\mathrm{d}x=0\,;$

(2)如果 $a > b$,则 $\int_a^b f(x)\,\mathrm{d}x = -\int_b^a f(x)\,\mathrm{d}x$.

可以证明,定积分具有下面的性质(假定各定积分总是存在的).

性质1 $\displaystyle\int_a^b [f(x) \pm g(x)]\,\mathrm{d}x = \int_a^b f(x)\,\mathrm{d}x \pm \int_a^b g(x)\,\mathrm{d}x$.

性质2 $\displaystyle\int_a^b kf(x)\,\mathrm{d}x = k\int_a^b f(x)\,\mathrm{d}x$($k$ 是常数).

性质3(积分区间可加性) 设 c 是 $[a,b]$ 内任意点,则

$$\int_a^b f(x)\,\mathrm{d}x = \int_a^c f(x)\,\mathrm{d}x + \int_c^b f(x)\,\mathrm{d}x.$$

还可以证明,对于实数 a,b,c 的任意大小关系,上式都是成立的.

性质4 $\displaystyle\int_a^b \mathrm{d}x = b - a$.

即被积函数为 1 的定积分在数值上等于积分区间长度.

性质 4 的几何解释:当被积函数为 1 时,相应的"曲边梯形"是一个底边长为 $b - a$,高为 1 的矩形,它的面积为 $b - a$,如图 3-3-5 所示.

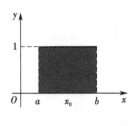

图 3-3-5

性质5 如果在 $[a,b]$ 上,$f(x) \geqslant 0(\leqslant 0)$,则

$$\int_a^b f(x)\,\mathrm{d}x \geqslant 0(\leqslant 0).$$

推论 如果在 $[a,b]$ 上,$f(x) \leqslant g(x)$,则

$$\int_a^b f(x)\,\mathrm{d}x \leqslant \int_a^b g(x)\,\mathrm{d}x.$$

例 2 不计算定积分 $\int_0^1 x\,\mathrm{d}x$ 和 $\int_0^1 x^2\,\mathrm{d}x$，比较它们的大小.

解 当 $0 \le x \le 1$ 时，$x \ge x^2$，根据性质 5 的推论，有 $\int_0^1 x\,\mathrm{d}x \ge \int_0^1 x^2\,\mathrm{d}x$.

性质 6 设 M 和 m 分别是函数 $f(x)$ 在 $[a,b]$ 上的最大值和最小值，则

$$m(b-a) \le \int_a^b f(x)\,\mathrm{d}x \le M(b-a).$$

性质 6 可由性质 4 和性质 5 推出.

性质 7（积分中值定理） 如果函数 $f(x)$ 在闭区间 $[a,b]$ 上连续，则存在 $c \in [a,b]$，使

$$\int_a^b f(x)\,\mathrm{d}x = f(c)(b-a).$$

积分中值定理的几何解释：在曲线 $y = f(x)$ 连续的条件下，存在 $c \in [a, b]$，使曲边梯形的面积等于底为 $b-a$，高为 $|f(c)|$ 的矩形面积，如图 3-3-6 所示.

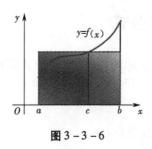

图 3-3-6

习题 3.3

1. 写出下列各题的图形中阴影部分的面积对应的定积分：

(1)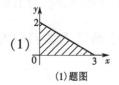

(1)题图

(2)

(2)题图

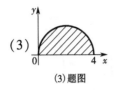

(3) 题图

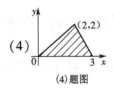

(4) 题图

2. 利用定积分的几何意义计算定积分:

$(1) \int_0^2 (x+1) \mathrm{d}x$;

$(2) \int_{-1}^1 \sqrt{1-x^2}\, \mathrm{d}x$;

$(3) \int_{-1}^1 |x| \mathrm{d}x$.

3. 比较下列定积分的大小:

$(1) \int_1^2 x \mathrm{d}x$ 与 $\int_1^2 x^2 \mathrm{d}x$;

$(2) \int_0^2 \sqrt{x}\, \mathrm{d}x$ 与 $\int_0^2 (1+x) \mathrm{d}x$.

3.4　定积分的积分方法

3.4.1　微积分基本公式

要应用定积分来解决实际问题,就需要计算定积分. 但根据定积分的定义式

$$\int_a^b f(x)\mathrm{d}x = \lim_{\lambda \to 0} \sum_{k=1}^n f(\xi_k) \Delta x_k$$

来计算定积分是十分困难的. 本节将导出一个计算定积分的重要公式,为此先引入积分上限函数的概念.

设函数 $y = f(x)$ 在闭区间 $[a,b]$ 上可积,对任意的 $x \in [a,b]$,总有确定的 $\int_a^x f(t)\mathrm{d}t$ 与 x 对应,因此定积分 $\int_a^x f(t)\mathrm{d}t$ 是 x 的一个函数,称为 $f(x)$ 的积分上限函数.

定理 1 如果函数 $y = f(x)$ 在闭区间 $[a, b]$ 上连续, 则 $f(x)$ 的积分上限

函数 $\varPhi(x) = \int_a^x f(t)\,\mathrm{d}t$ 在 $[a, b]$ 上可导, 且

$$\varPhi'(x) = \frac{\mathrm{d}}{\mathrm{d}x}\int_a^x f(t)\,\mathrm{d}t = f(x). \tag{1}$$

事实上, 对于任意 $x \in [a, b]$,

$$\frac{\Delta \varPhi}{\Delta x} = \frac{\varPhi(x + \Delta x) - \varPhi(x)}{\Delta x}$$

$$= \frac{1}{\Delta x}\Big[\int_a^{x+\Delta x} f(t)\,\mathrm{d}t - \int_a^x f(t)\,\mathrm{d}t\Big]$$

$$= \frac{1}{\Delta x}\int_x^{x+\Delta x} f(t)\,\mathrm{d}t.$$

根据积分中值定理, 存在 $c \in [x, x + \Delta x]$, 使 $\int_x^{x+\Delta x} f(t)\,\mathrm{d}t = f(c)\Delta x$.

当 $\Delta x \to 0$ 时, $c \to x$, 于是

$$\lim_{\Delta x \to 0}\frac{\Delta \varPhi}{\Delta x} = \lim_{\Delta x \to 0} f(c) = f(x),$$

即 $\varPhi(x)$ 在 x 可导, 从而在 $[a, b]$ 上可导, 且 $\varPhi'(x) = f(x)$.

满足 $F'(x) = f(x)$ 的函数 $F(x)$ 称为 $f(x)$ 的原函数. 定理 1 说明, 连续函

数 $f(x)$ 一定存在原函数, 因为积分上限函数 $\varPhi(x) = \int_a^x f(t)\,\mathrm{d}t$ 就是 $f(x)$ 的一

个原函数. 因此定理 1 又称为原函数存在性定理.

例 1 求 $\dfrac{\mathrm{d}}{\mathrm{d}x}\int_0^x \mathrm{e}^{-t^2}\,\mathrm{d}t$ 和 $\dfrac{\mathrm{d}}{\mathrm{d}x}\int_1^x \dfrac{\sin t}{t}\,\mathrm{d}t$.

解 由定理 1, 有

$$\frac{\mathrm{d}}{\mathrm{d}x}\int_0^x \mathrm{e}^{-t^2}\,\mathrm{d}t = \mathrm{e}^{-x^2},\quad \frac{\mathrm{d}}{\mathrm{d}x}\int_1^x \frac{\sin t}{t}\,\mathrm{d}t = \frac{\sin x}{x}.$$

例 2 设 $y = \int_1^{x^2} \sqrt{1 + \cos t}\,\mathrm{d}t$, 求 $\dfrac{\mathrm{d}y}{\mathrm{d}x}$.

解　设 $x^2 = u$，则 $y = \int_1^u \sqrt{1 + \cos t}\, \mathrm{d}t$. 由链式法则和定理 1，得

$$\frac{\mathrm{d}y}{\mathrm{d}x} = \frac{\mathrm{d}y}{\mathrm{d}u}\frac{\mathrm{d}u}{\mathrm{d}x} = \sqrt{1 + \cos u} \cdot 2x = 2x\sqrt{1 + \cos x^2}.$$

定理 2　如果函数 $y = f(x)$ 在闭区间 $[a,b]$ 上连续，$F(x)$ 是 $f(x)$ 的一个原函数，则

$$\int_a^b f(x)\,\mathrm{d}x = F(b) - F(a). \tag{2}$$

证明　因为 $y = f(x)$ 在 $[a,b]$ 上连续，根据定理 1，函数 $\varPhi(x) = \int_a^x f(t)\,\mathrm{d}t$ 在 $[a,b]$ 上可导，且 $\varPhi'(x) = f(x)$.

又因为 $F(x)$ 是 $f(x)$ 的原函数，即有 $F'(x) = f(x)$，所以 $\varPhi'(x) = F'(x)$.

根据拉格朗日中值定理的推论 2，有

$$\varPhi(x) = F(x) + C\,(C\ 是常数). \tag{3}$$

在式(3)中取 $x = a$，左边为 $\varPhi(a) = \int_a^a f(t)\,\mathrm{d}t = 0$，右边为 $F(a) + C$，因此有 $F(a) + C = 0$，得 $C = -F(a)$，于是有

$$\varPhi(x) = \int_a^x f(t)\,\mathrm{d}t = F(x) - F(a). \tag{4}$$

在式(4)中取 $x = b$，并将积分变量 t 改写成 x，即得

$$\int_a^b f(x)\,\mathrm{d}x = F(b) - F(a).$$

$F(b) - F(a)$ 可记作 $F(x)\big|_a^b$，这样式(2)可写成

$$\int_a^b f(x)\,\mathrm{d}x = F(x)\big|_a^b.$$

式(2)称为微积分基本公式，又称牛顿 – 莱布尼茨公式（Newton-Leibniz Formula）. 它指出了求连续函数定积分的一般方法，把计算定积分这样一个

通常很复杂的极限归结为计算一个原函数的函数值,是联系微分学与积分学的桥梁.

例3　计算 $\int_0^1 x^2 \mathrm{d}x$.

解　$\int_0^1 x^2 \mathrm{d}x = \dfrac{x^3}{3} \Big|_0^1 = \dfrac{1}{3} - \dfrac{0}{3} = \dfrac{1}{3}$.

例4　计算 $\int_0^1 (1 - x - 4x^2) \mathrm{d}x$.

解　原式 $= \int_0^1 \mathrm{d}x - \int_0^1 x \mathrm{d}x - 4 \int_0^1 x^2 \mathrm{d}x$

$$= (1 - 0) - \frac{1}{2} x^2 \Big|_0^1 - \frac{4}{3} x^3 \Big|_0^1 = 1 - \frac{1}{2} - \frac{4}{3} = -\frac{5}{6}.$$

例5　求 $\int_{-1}^3 |2 - x| \mathrm{d}x$.

解　因为 $|2 - x| = \begin{cases} 2 - x, & x \leq 2 \\ x - 2, & x > 2 \end{cases}$,所以

$$原式 = \int_{-1}^2 (2 - x) \mathrm{d}x + \int_2^3 (x - 2) \mathrm{d}x$$

$$= \left(2x - \frac{1}{2} x^2 \right) \Big|_{-1}^2 + \left(\frac{1}{2} x^2 - 2x \right) \Big|_2^3$$

$$= \frac{9}{2} + \frac{1}{2} = 5.$$

练习题

1. 求下列各函数的导数 $\mathrm{d}y / \mathrm{d}x$:

$(1)\, y = \int_0^x \sqrt{1 + t^2}\, \mathrm{d}t$;　　　　　　$(2)\, y = \int_0^{x^2} \cos \sqrt{t}\, \mathrm{d}t$.

2. 计算下列定积分:

$$(1) \int_{-2}^{0} (2x+5) \mathrm{d}x;$$ $$\qquad (2) \int_{-1}^{1} (1+r)^2 \mathrm{d}r;$$

$$(3) \int_{1}^{2} (x^2+x-1) \mathrm{d}x;$$ $$\qquad (4) \int_{0}^{\frac{\pi}{2}} \sin^2 \frac{x}{2} \mathrm{d}x.$$

3.4.2 定积分的换元积分法

定理3 设函数 $f(x)$ 在区间 $[a,b]$ 上连续,函数 $x=\varphi(t)$ 在 $[\alpha,\beta]$ (或 $[\beta,\alpha]$) 上单调可导, $\varphi(\alpha)=a$, $\varphi(\beta)=b$,则有定积分换元积分公式

$$\int_{a}^{b} f(x) \mathrm{d}x \xlongequal{x=\varphi(t)} \int_{\alpha}^{\beta} f[\varphi(t)] \varphi'(t) \mathrm{d}t. \tag{5}$$

利用式(5)求定积分的方法称为定积分换元(积分)法.

定积分换元法与不定积分换元法的不同之处在于,前者还涉及积分上下限的变化. 在运用定积分换元法时,如果改变了积分变量,通常积分限也要改变. 应当注意的是,当 $a(b)$ 为下(上)限时, $\alpha=\varphi^{-1}(a)$ ($\beta=\varphi^{-1}(b)$) 也为下(上)限,不一定有 $\alpha<\beta$.

例6 求 $\int_{0}^{1} (2x+1)^3 \mathrm{d}x$.

解 设 $u=2x+1$, $\mathrm{d}u=2\mathrm{d}x$, $\mathrm{d}x=\dfrac{1}{2}\mathrm{d}u$,当 $x=0$ 时, $u=1$;当 $x=1$ 时, $u=3$. 所以

$$原式 = \frac{1}{2} \int_{1}^{3} u^3 \mathrm{d}u = \frac{1}{2} \cdot \frac{u^4}{4} \Big|_{1}^{3} = \frac{1}{8} (3^4 - 1^6) = 10.$$

还可以直接进行凑微分:

$$原式 = \frac{1}{2} \int_{0}^{1} (2x+1)^3 \mathrm{d}(2x+1) = \frac{1}{2} \cdot \frac{(2x+1)^4}{4} \Big|_{0}^{1} = 10.$$

例7 求 $\int_{0}^{1} \dfrac{1}{1+2x} \mathrm{d}x$.

解 原式 $= \dfrac{1}{2} \displaystyle\int_0^1 \dfrac{1}{1+2x} \mathrm{d}(1+2x) = \dfrac{1}{2} \ln|1+2x| \Big|_0^1$

$$= \frac{1}{2}(\ln 3 - \ln 1) = \frac{\ln 3}{2}.$$

定积分与不定积分的换元积分法类似,区别在于定积分是为了求值,而不定积分是求函数.

运用定积分的换元法,还可以推出下面关于奇(偶)函数在对称区间上的定积分的有用的结论.

定理 4 如果 $f(x)$ 是在 $[-a,a]$ 上连续的奇函数,则 $\displaystyle\int_{-a}^a f(x)\mathrm{d}x = 0$;如果 $f(x)$ 是在 $[-a,a]$ 上连续的偶函数,则 $\displaystyle\int_{-a}^a f(x)\mathrm{d}x = 2\int_0^a f(x)\mathrm{d}x.$

事实上,如果 $f(x)$ 是奇函数,则有

$$\int_{-a}^0 f(x)\mathrm{d}x \xlongequal{x=-t} \int_a^0 f(-t)\mathrm{d}(-t) = -\int_0^a f(t)\mathrm{d}t = -\int_0^a f(x)\mathrm{d}x,$$

所以

$$\int_{-a}^a f(x)\mathrm{d}x = \int_{-a}^0 f(x)\mathrm{d}x + \int_0^a f(x)\mathrm{d}x = -\int_0^a f(x)\mathrm{d}x + \int_0^a f(x)\mathrm{d}x = 0.$$

类似地可以证明 $f(x)$ 是偶函数时的结论.

例 8 求 $\displaystyle\int_{-1}^1 \left(x^3 - \dfrac{1}{1+x^2} \right)\mathrm{d}x.$

解 原式 $= \displaystyle\int_{-1}^1 x^3 \mathrm{d}x - \int_{-1}^1 \dfrac{1}{1+x^2}\mathrm{d}x.$

由于 x^3 是奇函数,$\dfrac{1}{1+x^2}$ 是偶函数,因此

$$原式 = 0 - 2\int_0^1 \frac{1}{1+x^2}\mathrm{d}x = -2\arctan x \Big|_0^1 = -\frac{\pi}{2}.$$

习题 3.4

1. 计算下列定积分:

(1) $\int_{1}^{2}(x^2+1)\mathrm{d}x$;

(2) $\int_{4}^{9}(1-\sqrt{x})\mathrm{d}x$;

(3) $\int_{1}^{4}\left(2+\dfrac{1}{\sqrt{x}}\right)\mathrm{d}x$;

(4) $\int_{0}^{1}\mathrm{e}^{x}(2-\mathrm{e}^{-x})\mathrm{d}x$.

2. 求下列定积分:

(1) $\int_{1}^{2}\dfrac{1}{1+2x}\mathrm{d}x$;

(2) $\int_{-2}^{-1}\dfrac{\mathrm{d}x}{(11+5x)^2}$;

(3) $\int_{-1}^{0}\sqrt{x+1}\,\mathrm{d}x$;

(4) $\int_{1}^{e}\dfrac{\ln x}{x}\mathrm{d}x$;

(5) $\int_{2}^{8}\dfrac{1}{4+x^2}\mathrm{d}x$;

(6) $\int_{-\pi}^{\pi}\sin\left(2x-\dfrac{\pi}{3}\right)\mathrm{d}x$.

3.5 定积分的应用

3.5.1 定积分的几何应用

在本章开始求曲边梯形面积是按照分割、近似代替、求和、取极限这 4 个步骤进行的. 实际应用中, 常将这一过程用下面的简化方式来表述.

任取 $x\in[a,b]$, 所求曲边梯形的面积 A 在小区间 $[x,x+\mathrm{d}x]$ 上的部分近似等于 $\mathrm{d}A=f(x)\mathrm{d}x$, $\mathrm{d}A$ 称为面积微元. 将 $\mathrm{d}A$ 在区间 $[a,b]$ 上连续累加, 即得

$$A=\int_{a}^{b}f(x)\mathrm{d}x.$$

为了求在一个区间 $[a,b]$ 的量 Q, 将 Q 分割成许多小的部分. 将 Q 在任

意小区间 $[x, x+\mathrm{d}x]$ 的部分量近似表示为 $\mathrm{d}Q = f(x)\mathrm{d}x$ ，$\mathrm{d}Q$ 称为 Q 的微元.
最后将 $\mathrm{d}Q$ 在区间 $[a, b]$ 上连续累加（即求定积分）求出 Q. 这种方法称为微元法.

1. 平面图形的面积

下面分三种情况说明用定积分计算平面图形（区域）面积的方法.

（1）由 3.3 节定积分的定义可知，区域 D 由连续曲线 $y = f(x)$ 和直线 $y = 0, x = a, x = b (a < b)$ 围成. 若 $f(x) \geqslant 0$ ，则 D 的面积为 $A = \int_a^b f(x)\mathrm{d}x$ ；若 $f(x) < 0$ ，则 $A = -\int_a^b f(x)\mathrm{d}x$ ；若曲线 $y = f(x)$ 在区间 $[a, b]$ 有正有负，则 D 的面积为

$$A = \int_a^b |f(x)|\mathrm{d}x.$$

（2）区域 D 由连续曲线 $y = f(x), y = g(x)$ 和直线 $x = a, x = b$ 围成，其中 $f(x) < g(x) (a \leqslant x \leqslant b)$ （图 3 − 5 − 1）.

已知 D 的面积微元 $\mathrm{d}A = [g(x) - f(x)]\mathrm{d}x$ ，所以区域 D 的面积为

$$A = \int_a^b [g(x) - f(x)]\mathrm{d}x.$$

（3）区域 D 由连续曲线 $x = \varphi(y), x = \phi(y)$ 和直线 $y = c, y = d$ 围成，其中 $\phi(y) < \varphi(y) (c \leqslant y \leqslant d)$ （图 3 − 5 − 2）.

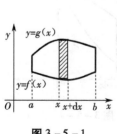

图 3 − 5 − 1

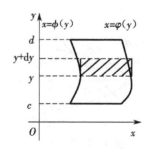

图 3 − 5 − 2

这时, D 的面积微元 $dA = [\varphi(y) - \phi(y)]dy$, 所以区域 D 的面积为

$$A = \int_c^d [\varphi(y) - \phi(y)]dy.$$

例 1　计算抛物线 $y^2 = 2x$ 与直线 $y = x - 4$ 所围成图形(图 $3-5-3$)的面积.

解　先求抛物线和直线的交点:

$$\begin{cases} y^2 = 2x \\ y = x - 2 \end{cases},$$

从而解得交点为 $(2, -2)$ 和 $(8, 4)$. 因此, 可知图形在直线 $y = -2$ 与 $y = 4$ 之间. 选取纵坐标 y 为积分变量和底为 $(y + 4) - \dfrac{1}{2}y^2$ 的窄矩形, 从而得到面积微元

$$dA = \left(y + 4 - \frac{1}{2}y^2 \right)dy.$$

因此, 所求面积为

$$A = \int_{-2}^{4} \left(y + 4 - \frac{1}{2}y^2 \right)dy = \left(\frac{y^2}{2} + 4y - \frac{y^3}{6} \right)\bigg|_{-2}^{4} = 18.$$

例 2　计算由抛物线 $y^2 = x$ 和 $y = x^2$ 所围成图形(图 $3-5-4$)的面积.

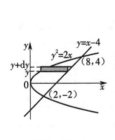

图 $3-5-3$

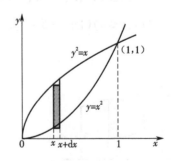

图 $3-5-4$

解 两曲线的交点为$(0,0)$和$(1,1)$,选取 x 为积分变量,则面积微元

$$dA = \left(\sqrt{x} - x^2\right)dx,$$

则

$$A = \int_0^1 \left(\sqrt{x} - x^2\right)dx = \left(\frac{2}{3}x^{\frac{3}{2}} - \frac{x^3}{3}\right)\Bigg|_0^1 = \frac{1}{3}.$$

2. 旋转图形的体积

由一个平面图形绕平面内的一条定直线旋转一周而成的立体称为旋转体,这条直线称为旋转轴. 下面我们考虑由 $y = f(x)$ 与直线 $x = a, x = b$ 以及 x 轴所围成的曲边梯形绕 x 轴旋转而形成的旋转体体积的计算问题,如图 3 – 5 – 5 所示.

取 x 为积分变量,它的变化区间是 $[a,b]$,在区间上任取一小区间 $[x, x+dx]$ 的窄边梯形,它绕 x 轴旋转而成的薄片的体积近似于以 $f(x)$ 为底半径、dx 为高的扁圆柱体的体积,即体积微元

$$dV = \pi f^2(x)dx,$$

在闭区间 $[a,b]$ 上作定积分,即得所求旋转体的体积

$$V = \pi \int_a^b f^2(x)dx.$$

例 3 求由曲线 $y = x^2$ 和直线 $y = 0, x = 1$ 所围成的图形绕 x 轴旋转所构成旋转体的体积,如图 3 – 5 – 6 所示.

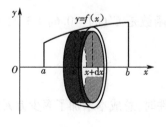

图 3 – 5 – 5

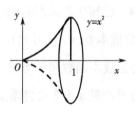

图 3 – 5 – 6

解 由上述的公式可得此旋转体的体积为

$$V = \pi \int_a^b f^2(x) \, \mathrm{d}x = \pi \int_0^1 (x^2)^2 \, \mathrm{d}x = \pi \cdot \frac{x^5}{5} \Big|_0^1 = \frac{\pi}{5}.$$

类似地,由曲线 $x = \varphi(y)$ 与直线 $y = c, y = d$ 及 y 轴所围成的曲边梯形绕 y 轴旋转而成的旋转体的体积为 $V = \pi \int_c^d \varphi^2(y) \, \mathrm{d}y.$

3.5.2 定积分的经济应用

1.总成本函数

设产量为 q 时的边际成本为 $C'(q)$,固定成本为 C_0,则产量为 q 时总成本函数可由下面的公式求得

$$C(q) = \int C'(q) \, \mathrm{d}q.$$

其中,积分常数 C 可由条件 $C(0) = C_0$ 求得. 当 q 由 a 变到 b 时,成本的增量为

$$\Delta C = C(b) - C(a) = \int_a^b C'(q) \, \mathrm{d}q.$$

类似地,设产量为 q 时的边际收入为 $R'(q)$,则产量为 q 时总收入函数可由下面的公式求得

$$R(q) = \int R'(q) \, \mathrm{d}q.$$

例4 已知生产某产品的边际成本函数是 $C'(q) = 0.6q + 3.2$(万元/百件),固定成本 $C_0 = 50$(万元). 求:

(1)总成本函数和平均成本函数;

(2)当产量 q 由 2 百件增加到 7 百件时,总成本增加了多少万元?

解 (1)因为 $C(q) = \int C'(q) \, \mathrm{d}q = \int (0.6q + 3.2) \, \mathrm{d}q = 0.3q^2 + 3.2q + C,$

由 $C_0 = 50$,得 $C = 50$,所以总成本函数是

$$C(q) = 0.3q^2 + 3.2q + 50,$$

平均成本函数是

$$\bar{C}(q) = \frac{C(q)}{q} = 0.3q + 3.2 + \frac{50}{q}.$$

(2)因为

$$\Delta C = C(7) - C(2) = \int_2^7 C'(q)\mathrm{d}q = \int_2^7 (0.6q + 3.2)\mathrm{d}q$$

$$= (0.3q^2 + 3.2q) \big|_2^7$$

$$= 29.5(\text{万元}).$$

所以,当产量 q 由 2 百件增加到 7 百件时,总成本增加了 29.5 万元.

2. 利润函数

设某产品的边际收入为 $R'(q)$,边际成本为 $C'(q)$,则利润函数为

$$L(q) = R(q) - C(q) = \int L'(q)\mathrm{d}q = \int [R'(q) - C'(q)]\mathrm{d}q.$$

其中,$L(q)$ 为纯利润,当产量 q 由 a 变到 b 时,利润的增量为

$$\Delta L = L(b) - L(a) = \int_a^b [R'(q) - C'(q)]\mathrm{d}q.$$

例5 某种工艺品的边际成本 $C = 1$(百元/件),边际收入 $R = 16 - 0.01q$(百元/件),其中 q(单位:件)为产量. 求:

(1)产量 q 为多少时总利润 $L(q)$ 最大;

(2)从总利润最大的产量再生产 100 件,总利润将如何变化?

解 (1)$L'(q) = R - C = 15 - 0.01q$,令 $L'(q) = 0$,得唯一驻点 $q = 1\,500$ 件. 因此,$q = 1\,500$ 是 $L(q)$ 的极大值点,也是最大值点. 故当产量为 1 500 件时,总利润最大.

(2)从 1 500 件再生产 100 件,增加的总利润为

$$L(1\,600) - L(1\,500) = \int_{1\,500}^{1\,600} L'(q)\,\mathrm{d}q$$

$$= \int_{1\,500}^{1\,600} (15 - 0.01q)\,\mathrm{d}q$$

$$= (15q - 0.005q^2)\,\Big|_{1\,500}^{1\,600}$$

$$= -50(\text{百元}).$$

即从总利润最大的产量再生产 100 件,总利润将减少 5 000 元.

3.5.3 定积分的物理应用

1. 运动方程

设质点的运动方程为 $r(t) = x(t)\boldsymbol{i} + y(t)\boldsymbol{j}$,则速度 $v = \dfrac{\mathrm{d}r}{\mathrm{d}t}$,加速度 $\boldsymbol{a} = \dfrac{\mathrm{d}\boldsymbol{v}}{\mathrm{d}t}$,若已知加速度 $\boldsymbol{a}$,求速度和运动方程则可用定积分.

例 6 一质点做变速直线运动,已知初速度 $v_0 = 1(\mathrm{m/s})$,初始位置 $x_0 = 2(\mathrm{m})$,加速度 $a = 2(\mathrm{m/s^2})$,求质点的运动方程.

解 因为 $a = \dfrac{\mathrm{d}v}{\mathrm{d}t}$,变形可得 $\mathrm{d}v = a\mathrm{d}t$,式子两边对时间 t 求定积分,

$$\int_0^t \mathrm{d}v = \int_0^t a\mathrm{d}t.$$

设任意 t 时刻的速度为 v,因此积分等于

$$v - v_0 = at \text{ 或 } v = v_0 + at.$$

又因为 $v = \dfrac{\mathrm{d}x}{\mathrm{d}t}$,即 $\mathrm{d}x = v\mathrm{d}t$,两边求定积分,

$$\int_0^t \mathrm{d}x = \int_0^t v\mathrm{d}t = \int_0^t (v_0 + at)\,\mathrm{d}t.$$

得

$$x - x_0 = v_0 t + \frac{1}{2}at^2,$$

带入数值可得运动方程为

$$x = x_0 + v_0 t + \frac{1}{2} a t^2 = 2 + t + t^2 (\mathrm{m}).$$

2. 变力做功

变力做功的表达式为

$$W = \int_a^b \boldsymbol{F} \cdot \mathrm{d}\boldsymbol{r} = \int_a^b F \cos \theta \mathrm{d}s = \int_{x_1}^{x_2} F_x \mathrm{d}x + \int_{y_1}^{y_2} F_y \mathrm{d}y.$$

例7 一个人从 10 m 深的井中提水. 起始时, 桶中装有 10 kg 的水, 桶的质量为 1 kg. 由于水桶漏水, 每升高 1 m 要漏去 0.2 kg 的水. 求水桶匀速地从井底提到井口, 人所做的功.

解 以井底为原点, 竖直向上为 y 轴, 由题意可知, 桶和水的质量关系为

$$m = 1 + 10 - 0.2y, 0 \leqslant y \leqslant 10.$$

由于水桶匀速地上升, 则人的拉力大小和水桶重力相等, 即

$$F_y = mg = (11 - 0.2y)g.$$

因此, 整个过程人所做的功为

$$W = \int_a^b \boldsymbol{F} \cdot \mathrm{d}\boldsymbol{r} = \int_0^{10} (11 - 0.2y)g\mathrm{d}y = (11gy - 0.1y^2)\Big|_0^{10} = 980(\mathrm{J}).$$

习题 3.5

1. 求曲线 $y = \dfrac{x^2}{2}$ 与直线 $y = \dfrac{5}{2}x - 3$ 围成的图形面积.

2. 求曲线 $y = 2 - x^2$ 与直线 $y = 2x + 2$ 所围成的图形面积.

3. 求曲线 $xy = 4$ 与直线 $x = 1, x = 4, y = 0$ 所围成的图形绕 x 轴旋转一周而形成的立体体积.

4. 已知生产某种洗发水每日的边际成本函数为 $C'(x) = 5 + \dfrac{3}{\sqrt{x}}$ (元/

瓶),其中 x 是日产量(单位:瓶),每日固定成本为 500 元,求该产品每日的总成本函数.

第4章　常微分方程初步

常微分方程是现代数学的一个重要部分,是人们解决各类实际问题时有效的数学工具,它在很多科学研究领域有广泛的应用. 本章主要介绍微分方程的基本概念及一些简单的微分方程的解法.

4.1　可分离变量的微分方程

4.1.1　常微分方程的概念

引例　一曲线过点$(1,2)$,且在曲线上任一点$M(x,y)$处的切线斜率等于$2x$,求曲线的方程.

设所求曲线方程为$y=f(x)$,根据导数的几何意义,对曲线上任一点$M(x,y)$有如下的关系:

$$y'=2x.$$

由于所求曲线$y=f(x)$通过点$(1,2)$,因此曲线需满足条件$x=1$时,$y=1$,即

$$y\big|_{x=1}=2.$$

$y'=2x$就是曲线$y=f(x)$应满足的关系式,式中含有未知函数$y=f(x)$的一阶导数.

这样,问题就归结为要求一个满足关系式$y'=2x$和条件式$y\big|_{x=1}=2$的

函数 $y = f(x)$.

两边积分得

$$y = \int 2x\mathrm{d}x = x^2 + C,$$

将 $x = 1, y = 2$ 代入得

$$C = 1,$$

所以曲线方程为

$$y = x^2 + 1.$$

定义 1 含有未知函数的导数或微分的方程称为微分方程,未知函数是一元函数的微分方程称为常微分方程. 例如:

$$y' = 2x + 1, \frac{\mathrm{d}y}{\mathrm{d}x} + 2xy = 2xe^{-x^2}, xy' = \ln y.$$

定义 2 微分方程中所出现的未知函数的导数的最高阶数,称为微分方程的阶;未知函数及其各阶导数的次数均为一次的微分方程称为线性微分方程,在线性微分方程中,如果未知函数及其各阶导数的系数都是常数,则称为常系数线性微分方程.

一般地,n 阶微分方程的形式为

$$F(x, y, y', y'', \cdots, y^{(n)}) = 0 \ \text{或} \ y^{(n)} = f(x, y, y', y'', \cdots, y^{(n-1)}).$$

特殊地,一阶微分方程的形式为

$$F(x, y, y') = 0 \ \text{或} \ y' = f(x, y).$$

定义 3 满足微分方程的函数(即将函数代入微分方程能使方程成为恒等式),称为微分方程的解.

定义 4 若微分方程的解中含有任意常数,并且独立的任意常数的个数与方程的阶数相同,则称这样的解为微分方程的通解;不含任意常数的解称为微分方程的特解.

通解中的任意常数一旦被确定以后,通解就成了特解. 用来确定通解中任意常数的条件,称为初始条件. 前面引例中的初始条件是 $y|_{x=1}=2$.

通常,一阶微分方程 $F(x,y,y')=0$ 的初始条件为 $y|_{x=x_0}=y_0$.

微分方程的解所对应的几何曲线称为积分曲线.

在微分方程中,可以不出现自变量或未知函数,但必须有未知函数的导数或微分.

4.1.2 分离变量法

形如 $\dfrac{\mathrm{d}y}{\mathrm{d}x}=f(x)g(y)$ 的方程,如果可化为 $\dfrac{\mathrm{d}y}{g(y)}=f(x)\mathrm{d}x$ 的形式,则这个方程称为可分离变量的微分方程,如 $x\mathrm{d}x=y\mathrm{d}y$, $\dfrac{1}{1+x^2}\mathrm{d}x=\cos y\mathrm{d}y$, $f(x)\mathrm{d}x=g(y)\mathrm{d}y$,这种方程的解法称为分离变量法.

可分离变量的微分方程的求解步骤如下.

(1)分离变量:将方程化为一边只含变量 y,而另一边只含变量 x 的形式,即

$$\frac{\mathrm{d}y}{g(y)}=f(x)\mathrm{d}x.$$

(2)两边求积分:

$$\int\frac{\mathrm{d}y}{g(y)}=\int f(x)\mathrm{d}x.$$

(3)求出积分,得通解 $G(y)=F(x)+C$(C 为任意常数),其中 $G(y)$, $F(x)$ 分别是 $\dfrac{1}{g(y)}$, $f(x)$ 的原函数.

例 1 求微分方程 $xy'=\ln x$ 的通解.

解 原方程即

$$x\frac{\mathrm{d}y}{\mathrm{d}x} = \ln x,$$

分离变量,得

$$\mathrm{d}y = \frac{\ln x}{x}\mathrm{d}x,$$

两边积分,得

$$\int \mathrm{d}y = \int \frac{\ln x}{x}\mathrm{d}x,$$

所求通解为

$$y = \frac{1}{2}\ln^2 x + C.$$

例2 求微分方程 $xy' + y = 0$ 的通解和满足初始条件 $y\big|_{x=1} = 2$ 的特解.

解 原方程即

$$x\frac{\mathrm{d}y}{\mathrm{d}x} + y = 0,$$

分离变量,得

$$\frac{\mathrm{d}y}{y} = -\frac{\mathrm{d}x}{x},$$

两边积分,得

$$\ln y = -\ln x + \ln C,$$

$$\ln xy = \ln C,$$

所求通解为

$$xy = C \text{ 或 } y = C/x.$$

将 $y\big|_{x=1} = 2$ 代入上式,得 $C = 2$.

故方程的特解为

$$xy = 2 \text{ 或 } y = 2/x.$$

注 (1)$1/x$ 的原函数取为 $\ln x$ 而不是 $\ln|x|$,是为了简化求解过程,此时常忽略变量取值范围的问题. 积分时将任意常数取为 $\ln C$ 也是为了简化讨论.

(2)像 $xy = C$ 这样用隐函数形式表示的解称为隐式解.

习题 4.1

1. 指出下列方程中哪些是微分方程,对于微分方程,请说出它的阶数:

(1)$y^2 - 3x + 5 = 0$;

(2)$y' = 4x + 3$;

(3)$\int \cos y\mathrm{d}y = \int x\ln x\mathrm{d}x$;

(4)$\mathrm{d}y = (x^2 + 2)\mathrm{d}x$;

(5)$y'' = x + y'$;

(6)$(y')^2 + 2y^2x = 4\mathrm{e}^x$.

2. 求下列微分方程的通解:

(1)$xy' - y = 0$;

(2)$y' = y\sin x$;

(3)$y' = y\ln y$.

3. 求解下列初值问题:

(1)$y' = x - 3,y\big|_{x=2} = 9$;

(2)$xy' + 3y = 0,y\big|_{x=1} = 2$.

4.2 一阶线性微分方程

例 1 一条曲线经过点 $(1,0)$,且曲线上任意一点的斜率为该点横坐标与纵坐标之差与横坐标之比. 求这条曲线的方程.

设这条曲线的方程为 $y = f(x)$. 根据题意,有 $y\big|_{x=1} = 0$,且有

$$y' = \frac{x-y}{x} \text{或} y' + \frac{y}{x} = 1.$$

于是问题归结为求解上面的微分方程. 该方程显然是不能分离变量的,需要

寻求新的求解方法,或者说,需要讨论一种新的微分方程的求解问题.

定义 微分方程

$$\frac{\mathrm{d}y}{\mathrm{d}x} + P(x)y = Q(x) \tag{1}$$

称为一阶线性微分方程,其中 $P(x), Q(x)$ 为已知函数.

如果 $Q(x) \equiv 0$,即

$$\frac{\mathrm{d}y}{\mathrm{d}x} + P(x)y = 0 \tag{2}$$

则称方程(1)为一阶线性齐次微分方程;否则称方程(1)为一阶线性非齐次微分方程.

1. 一阶线性齐次微分方程的解法

下面讨论齐次方程 $\dfrac{\mathrm{d}y}{\mathrm{d}x} + P(x)y = 0$ 的解,该方程是可分离变量的. 先分离变量

$$\frac{\mathrm{d}y}{y} = -P(x)\mathrm{d}x,$$

两边积分,得

$$\ln y = -\int P(x)\mathrm{d}x + \ln C$$

得通解

$$y = Ce^{-\int P(x)\mathrm{d}x}. \tag{3}$$

2. 一阶线性非齐次微分方程的解法

下面用所谓常数变易法来求方程(1)的通解. 方法是将方程(2)的通解(3)中的常数 C "变易"为一个函数,而设方程(1)的解为

$$y = C(x)e^{-\int P(x)\mathrm{d}x}. \tag{4}$$

对式(4)求导,得

$$y' = C'(x)\mathrm{e}^{-\int P(x)\mathrm{d}x} - C(x)P(x)\mathrm{e}^{-\int P(x)\mathrm{d}x}. \tag{5}$$

将式(4)和式(5)代入方程(1),得

$$C'(x)\mathrm{e}^{-\int P(x)\mathrm{d}x} - C(x)P(x)\mathrm{e}^{-\int P(x)\mathrm{d}x} + C(x)P(x)\mathrm{e}^{-\int P(x)\mathrm{d}x} = Q(x),$$

即

$$C'(x)\mathrm{e}^{-\int P(x)\mathrm{d}x} = Q(x)\ 或\ C'(x) = Q(x)\mathrm{e}^{\int P(x)\mathrm{d}x}.$$

两边积分得

$$C(x) = \int Q(x)\mathrm{e}^{\int P(x)\mathrm{d}x}\mathrm{d}x + C. \tag{6}$$

将式(6)代入式(4),即得方程(1)的通解为

$$y = \left[\int Q(x)\mathrm{e}^{\int P(x)\mathrm{d}x}\mathrm{d}x + C \right]\mathrm{e}^{-\int P(x)\mathrm{d}x}. \tag{7}$$

现在来求解例 1 中的微分方程.

解　将 $P(x) = \dfrac{1}{x}, Q(x) = 1$ 代入通解公式(7),得通解为

$$y = \left(\int \mathrm{e}^{\int \frac{1}{x}\mathrm{d}x}\mathrm{d}x + C \right)\mathrm{e}^{-\int \frac{1}{x}\mathrm{d}x} = \left(\int x\mathrm{d}x + C \right)\frac{1}{x} = \left(\frac{x^2}{2} + C \right)\frac{1}{x}.$$

将条件 $y\big|_{x=1} = 0$ 代入通解,可得 $C = -\dfrac{1}{2}$.

故符合条件的曲线方程为

$$y = \frac{x^2 - 1}{2x}.$$

常数变易法的具体步骤:先求得方程所对应的一阶线性齐次微分方程的通解;然后将式中的任意常数换为待定函数 $C(x)$,并确定出 $C(x)$;最后写出非齐次线性方程的通解。

例 2　求方程 $y' - \dfrac{2y}{x+1} = (x+1)^{\frac{5}{2}}$ 的通解.

解法一（常数变易法）　对应的齐次线性微分方程为 $y' - \dfrac{2y}{x+1} = 0$,分离

变量,得

$$\frac{\mathrm{d}y}{y} = \frac{2}{x+1}\mathrm{d}x,$$

两边积分,得

$$\ln y = \ln (x+1)^2 + \ln C \text{ 或 } y = C(x+1)^2.$$

设原方程的通解为

$$y = C(x)(x+1)^2,$$

求导得

$$y' = C'(x)(x+1)^2 + 2C(x)(x+1),$$

将以上两式代入原方程,得

$$C'(x)(x+1)^2 + 2C(x)(x+1) - 2C(x)(x+1) = (x+1)^{\frac{5}{2}},$$

$$C'(x)(x+1)^2 = (x+1)^{\frac{5}{2}},$$

$$C'(x) = (x+1)^{\frac{1}{2}},$$

两边积分得

$$C(x) = \frac{2}{3}(x+1)^{\frac{3}{2}} + C.$$

将求出的 $C(x)$ 代入所设的通解表达式,即得原方程的通解为

$$y = \left[\frac{2}{3}(x+1)^{\frac{3}{2}} + C\right](x+1)^2.$$

解法二(公式法)　$P(x) = -\frac{2}{x+1}, Q(x) = (x+1)^{\frac{5}{2}}$,代入通解公式

(7),得

$$y = \left[\int (x+1)^{\frac{5}{2}} e^{-\int \frac{2}{x+1}\mathrm{d}x}\mathrm{d}x + C\right] e^{\int \frac{2}{x+1}\mathrm{d}x}$$

$$= \left[\int (x+1)^{\frac{5}{2}} e^{-2\ln(x+1)}\mathrm{d}x + C\right] e^{2\ln(x+1)}$$

$$= \left[\int (x+1)^{\frac{5}{2}} (x+1)^{-2} \mathrm{d}x + C \right] (x+1)^2$$

$$= \left[\int (x+1)^{\frac{1}{2}} \mathrm{d}x + C \right] (x+1)^2$$

$$= \left[\frac{2}{3} (x+1)^{\frac{3}{2}} + C \right] (x+1)^2.$$

此即原方程的通解.

习题4.2

1. 求下列微分方程的通解：

(1) $y' + y = \mathrm{e}^x$;

(2) $xy' + 3y = \dfrac{\sin x}{x^2}$;

(3) $xy' + y = \mathrm{e}^x$;

(4) $xy' - y = 2x\ln x$.

2. 求下列微分方程满足所给初始条件的特解：

(1) $y' + 2y = 3, y\big|_{x=0} = 1$;

(2) $\dfrac{1}{x} \dfrac{\mathrm{d}y}{\mathrm{d}x} - 2y = 1, y\big|_{x=0} = 1$.

习题4

一、填空题

1. $x^2 y' + 2y^3 = 1$ 是_____阶微分方程.

2. 微分方程的通解是指_____.

3. 方程 $\mathrm{e}^{-x} y' = 1$ 的通解为_____.

4. 初值问题, $y' = x^2 \sqrt{y}, y\big|_{x=0} = 0$ 的解为_____.

5. 方程 $y' - y = 1$ 的通解为_____.

二、解答题

1. 求下列微分方程的通解：

$(1)\dfrac{\mathrm{d}y}{\mathrm{d}x}=x^{2}y^{2}$;

$(2)\left(y^{2}+xy^{2}\right)\mathrm{d}x=\left(x^{2}+yx^{2}\right)\mathrm{d}y$;

$(3)xy'-y=x$;

$(4)y'-\dfrac{y}{x-2}=2\left(x-2\right)^{2}$.

2. 求微分方程 $x\mathrm{d}y+2y\mathrm{d}x=0$ 满足初始条件 $y\big|_{x=2}=1$ 的特解.

3. 求微分方程 $\mathrm{d}x+xy\mathrm{d}y=y^{2}\mathrm{d}x+y\mathrm{d}y$ 满足初始条件 $y\big|_{x=0}=2$ 的特解.

4. 求微分方程 $\dfrac{\mathrm{d}y}{\mathrm{d}x}+\dfrac{y}{x}=\dfrac{x+1}{x}$ 满足初始条件 $y\big|_{x=2}=3$ 的特解.

第5章 线性代数初步

线性方程组是各个方程中的未知量均为一次的方程组,在中学数学中已经讨论过二元和三元线性方程组,并学习了利用二、三阶行列式求它们的解. 但在各个领域,我们可能需要讨论比它们大得多的线性方程组. 例如一个管理决策的线性规划模型常常包含成百上千个未知量(未知数)和线性方程或不等式. 工程师们在设计飞机外表时,要研究飞机表面的气流形成过程,这需要反复求解大型的线性方程组,这些方程组涉及的方程和未知量的个数可能达到数百万个,此时我们就需要将二、三阶线性方程组推广到 n 阶. 本章将用矩阵的方法讨论线性方程组以及它们的一些应用.

5.1 行列式

5.1.1 n 阶行列式的定义

下面我们先写出二、三阶行列式的规范形式,利用对角线法则展开,寻找它们之间的一些共同特点.

二阶行列式

$$\begin{vmatrix} a_{11} & a_{12} \\ a_{21} & a_{22} \end{vmatrix} = a_{11}a_{22} - a_{12}a_{21};$$

三阶行列式

$$\begin{vmatrix} a_{11} & a_{12} & a_{13} \\ a_{21} & a_{22} & a_{23} \\ a_{31} & a_{32} & a_{33} \end{vmatrix} = a_{11}a_{22}a_{33} + a_{12}a_{23}a_{31} + a_{13}a_{21}a_{32}$$

$$- a_{13}a_{22}a_{31} - a_{12}a_{21}a_{33} - a_{11}a_{23}a_{32}.$$

下面我们引入术语.

定义 1 对 n 个不同正整数(可不必是前 n 个正整数)的一个排列,若某个数字右边有 r 个比它小的数字,则称该数字在此排列中有 r 个逆序. 一个排列中所有数字的逆序之和称为该排列的逆序数. 排列 $j_1j_2\cdots j_n$ 的逆序数记为 $\tau(j_1j_2\cdots j_n)$.

定义 2 逆序数等于奇数的排列称为奇排列,逆序数等于偶数的排列称为偶排列.

由 n 个自然数组成的一切排列中唯一的一个逆序数为 0 的序列是按照自然数由小到大排列的,这个排列被称为标准排列或自然排列. 标准排列是偶排列.

观察三阶行列式的展开各项的列标 $j_1j_2j_3$,我们发现:

带正号的三项均为偶排列,即

$$\tau(123) = 0, \tau(231) = 2, \tau(312) = 2;$$

带负号的三项均为奇排列,即

$$\tau(321) = 3, \tau(213) = 1, \tau(132) = 1.$$

由此可见每项所带的符号实际上可以视为 $(-1)^{\tau(j_1j_2j_3)}$,利用刚刚学习的记号,我们可以把二阶行列式、三阶行列式重新展开为

$$\begin{vmatrix} a_{11} & a_{12} \\ a_{21} & a_{22} \end{vmatrix} = \sum_{j_1j_2} (-1)^{\tau(j_1j_2)}a_{1j_1}a_{2j_2},$$

$$\begin{vmatrix} a_{11} & a_{12} & a_{13} \\ a_{21} & a_{22} & a_{23} \\ a_{31} & a_{32} & a_{33} \end{vmatrix} = \sum_{j_1 j_2 j_3} (-1)^{\tau(j_1 j_2 j_3)} a_{1j_1} a_{2j_2} a_{3j_3}.$$

这里的求和符号下的 $j_1 j_2$ 与 $j_1 j_2 j_3$ 分别表示 $1,2$ 的一切排列与 $1,2,3$ 的一切排列,由此我们可得出 n 阶行列式的定义.

定义 3　由 n^2 个数 a_{ij}(称为行列式的元)排成的 n 行 n 列的表,并在两端各画一条竖线,即

$$\begin{vmatrix} a_{11} & a_{12} & \cdots & a_{1n} \\ a_{21} & a_{22} & \cdots & a_{2n} \\ \vdots & \vdots & & \vdots \\ a_{n1} & a_{n2} & \cdots & a_{nn} \end{vmatrix},$$

称为 n 阶行列式,其中横排称为行,纵排称为列. 它等于所有取自不同行、不同列的 n 个元乘积的代数和,n 阶行列式中所表示代数和的一般项可以写为

$$(-1)^{\tau(j_1 j_2 \cdots j_n)} a_{1j_1} a_{2j_2} \cdots a_{nj_n},$$

其中 $j_1 j_2 \cdots j_n$ 为自然数 1 到 n 的一个排列,当 $j_1 j_2 \cdots j_n$ 取遍所有的自然数 1 到 n 的排列,就得到 n 阶行列式表示的所有代数和中的所有项,即

$$\begin{vmatrix} a_{11} & a_{12} & \cdots & a_{1n} \\ a_{21} & a_{22} & \cdots & a_{2n} \\ \vdots & \vdots & & \vdots \\ a_{n1} & a_{n2} & \cdots & a_{nn} \end{vmatrix} = \sum_{j_1 j_2 \cdots j_n} (-1)^{\tau(j_1 j_2 \cdots j_n)} a_{1j_1} a_{2j_2} \cdots a_{nj_n},$$

我们称该式为 n 阶行列式的展开式.

例1 求行列式 $\begin{vmatrix} a_{11} & a_{12} & a_{13} & a_{14} \\ 0 & a_{22} & a_{23} & a_{24} \\ 0 & 0 & a_{33} & a_{34} \\ 0 & 0 & 0 & a_{44} \end{vmatrix}$ 的值.

解 在这个行列式中有一些项为零,我们只需找出非零项即可. 根据行列式定义,可知第一列只能选 a_{11},第二列的只能取 a_{22},第三列的只能取 a_{33},第四列的只能取 a_{44},因此可得

$$\begin{vmatrix} a_{11} & a_{12} & a_{13} & a_{14} \\ 0 & a_{22} & a_{23} & a_{24} \\ 0 & 0 & a_{33} & a_{34} \\ 0 & 0 & 0 & a_{44} \end{vmatrix} = (-1)^{\tau(1234)} a_{11} a_{22} a_{33} a_{44} = a_{11} a_{22} a_{33} a_{44}.$$

5.1.2 行列式的性质

性质1 行列式的行与列顺次互换,行列式的值不变,即

$$\begin{vmatrix} a_{11} & a_{12} & \cdots & a_{1n} \\ a_{21} & a_{22} & \cdots & a_{2n} \\ \vdots & \vdots & & \vdots \\ a_{n1} & a_{n2} & \cdots & a_{nn} \end{vmatrix} = \begin{vmatrix} a_{11} & a_{21} & \cdots & a_{n1} \\ a_{12} & a_{22} & \cdots & a_{n2} \\ \vdots & \vdots & & \vdots \\ a_{1n} & a_{2n} & \cdots & a_{nn} \end{vmatrix}.$$

这两个行列式互相称为转置行列式,行列式 $|A|$ 的转置行列式表示为 $|A^T|$,该性质也可以表述为行列式转置后其值不变.

这个性质说明了行列式的行和列是对称的、平等的,对行成立的性质,对列同样也成立.

性质2 互换行列式的两行(或两列),行列式变号,即

$$
\begin{vmatrix}
a_{11} & a_{12} & \cdots & a_{1n} \\
\vdots & \vdots & & \vdots \\
a_{t1} & a_{t2} & \cdots & a_{tn} \\
\vdots & \vdots & & \vdots \\
a_{s1} & a_{s2} & \cdots & a_{sn} \\
\vdots & \vdots & & \vdots \\
a_{n1} & a_{n2} & \cdots & a_{nn}
\end{vmatrix}
= -
\begin{vmatrix}
a_{11} & a_{12} & \cdots & a_{1n} \\
\vdots & \vdots & & \vdots \\
a_{s1} & a_{s2} & \cdots & a_{sn} \\
\vdots & \vdots & & \vdots \\
a_{t1} & a_{t2} & \cdots & a_{tn} \\
\vdots & \vdots & & \vdots \\
a_{n1} & a_{n2} & \cdots & a_{nn}
\end{vmatrix}.
$$

性质 3　行列式中的某行(列)的元都含有因子 K,则 K 可以提到行列式的符号外边,即

$$
\begin{vmatrix}
a_{11} & a_{12} & \cdots & a_{1n} \\
\vdots & \vdots & & \vdots \\
Ka_{i1} & Ka_{i2} & \cdots & Ka_{in} \\
\vdots & \vdots & & \vdots \\
a_{n1} & a_{n2} & \cdots & a_{nn}
\end{vmatrix}
= K
\begin{vmatrix}
a_{11} & a_{12} & \cdots & a_{1n} \\
\vdots & \vdots & & \vdots \\
a_{i1} & a_{i2} & \cdots & a_{in} \\
\vdots & \vdots & & \vdots \\
a_{n1} & a_{n2} & \cdots & a_{nn}
\end{vmatrix}.
$$

性质 4　行列式中的某行(列)的元均可以表示为两项之和,则此行列式等于两个行列式之和,即

$$
\begin{vmatrix}
a_{11} & a_{12} & \cdots & a_{1n} \\
\vdots & \vdots & & \vdots \\
b_{i1}+c_{i1} & b_{i2}+c_{i2} & \cdots & b_{in}+c_{in} \\
\vdots & \vdots & & \vdots \\
a_{n1} & a_{n2} & \cdots & a_{nn}
\end{vmatrix}
=
\begin{vmatrix}
a_{11} & a_{12} & \cdots & a_{1n} \\
\vdots & \vdots & & \vdots \\
b_{i1} & b_{i2} & \cdots & b_{in} \\
\vdots & \vdots & & \vdots \\
a_{n1} & a_{n2} & \cdots & a_{nn}
\end{vmatrix}
+
$$

$$\begin{vmatrix} a_{11} & a_{12} & \cdots & a_{1n} \\ \vdots & \vdots & & \vdots \\ c_{i1} & c_{i2} & \cdots & c_{in} \\ \vdots & \vdots & & \vdots \\ a_{n1} & a_{n2} & \cdots & a_{nn} \end{vmatrix}.$$

性质5 行列式中某行(列)的元全部为零,行列式的两行(列)完全相同,行列式的两行(列)的元成比例,上述条件之一成立,行列式的值为零.

性质6 若把行列式的某行(列)全部的元的 λ 倍加到另一行(列)的对应元上,则行列式的值不变,即

$$\begin{vmatrix} a_{11} & a_{12} & \cdots & a_{1n} \\ \vdots & \vdots & & \vdots \\ a_{i1}+\lambda a_{j1} & a_{i2}+\lambda a_{j2} & \cdots & a_{in}+\lambda a_{jn} \\ \vdots & \vdots & & \vdots \\ a_{j1} & a_{j2} & \cdots & a_{jn} \\ \vdots & \vdots & & \vdots \\ a_{n1} & a_{n2} & \cdots & a_{nn} \end{vmatrix} = \begin{vmatrix} a_{11} & a_{12} & \cdots & a_{1n} \\ \vdots & \vdots & & \vdots \\ a_{i1} & a_{i2} & \cdots & a_{in} \\ \vdots & \vdots & & \vdots \\ a_{j1} & a_{j2} & \cdots & a_{jn} \\ \vdots & \vdots & & \vdots \\ a_{n1} & a_{n2} & \cdots & a_{nn} \end{vmatrix}.$$

例2 计算行列式

$$|A| = \begin{vmatrix} 0 & -4 & -1 \\ 3 & 11 & 5 \\ 1 & 3 & 1 \end{vmatrix}.$$

解

$$|A| = -\begin{vmatrix} 1 & 3 & 1 \\ 3 & 11 & 5 \\ 0 & -4 & -1 \end{vmatrix} = -\begin{vmatrix} 1 & 3 & 1 \\ 0 & 2 & 2 \\ 0 & 4 & -1 \end{vmatrix} = -\begin{vmatrix} 1 & 3 & 1 \\ 0 & 2 & 2 \\ 0 & 0 & -5 \end{vmatrix} = 10.$$

例3　计算行列式

$$|A| = \begin{vmatrix} 4 & 6 & 9 \\ 2 & 5 & 7 \\ 1 & 3 & 8 \end{vmatrix}.$$

解

$$|A| = \begin{vmatrix} 4 & 6 & 9 \\ 2 & 5 & 7 \\ 1 & 3 & 8 \end{vmatrix} = \begin{vmatrix} 4 & 6 & 9 \\ 2 & 5 & 7 \\ 0 & \dfrac{1}{2} & \dfrac{9}{2} \end{vmatrix} = \begin{vmatrix} 4 & 6 & 9 \\ 0 & 2 & \dfrac{5}{2} \\ 0 & \dfrac{1}{2} & \dfrac{9}{2} \end{vmatrix}$$

$$= \begin{vmatrix} 4 & 6 & 9 \\ 0 & 2 & \dfrac{5}{2} \\ 0 & 0 & \dfrac{31}{8} \end{vmatrix} = 31.$$

习题5.1

1. 计算下列各排列的逆序数,从而判定其是奇排列还是偶排列:

(1)42531;　　　　　　　　　　(2)7356214.

2. 计算下列行列式的值:

$$(1)\ |A| = \begin{vmatrix} 7 & 2 & 1 \\ 3 & 0 & 4 \\ 5 & 6 & 8 \end{vmatrix};\qquad (2)\ |A| = \begin{vmatrix} 0 & 1 & 5 \\ 3 & 0 & 2 \\ 4 & 3 & 7 \end{vmatrix};$$

$$(3)\ |A| = \begin{vmatrix} 5 & 7 & 2 \\ 3 & 2 & 0 \\ 1 & 5 & 6 \end{vmatrix}.$$

5.2 矩阵及其运算

5.2.1 矩阵的概念

定义 1 由 $m \times n$ 个数 $a_{ij}(i = 1, 2, \cdots, m; j = 1, 2, \cdots, n)$ 排列成 m 行 n 列的数表

$$\begin{pmatrix} a_{11} & a_{12} & \cdots & a_{1n} \\ a_{21} & a_{22} & \cdots & a_{2n} \\ \vdots & \vdots & & \vdots \\ a_{m1} & a_{m2} & \cdots & a_{mn} \end{pmatrix}$$

称为 m 行 n 列矩阵,简称矩阵,数 a_{ij} 称为矩阵的元. 矩阵常用大写字母 $\boldsymbol{A}$、$\boldsymbol{B}$、$\cdots$ 来表示,要表示它的元时,可记为 $\boldsymbol{A} = (a_{ij})$,$\boldsymbol{B} = (b_{ij})$,而需要说明它的行和列时可以记为 $\boldsymbol{A}_{m \times n}$.

定义 2 如果方阵中的元都是实数,则称此方阵为实矩阵;若方阵中的元含有复数,则称此方阵为复矩阵.

本书仅讨论实矩阵.

定义 3 如果矩阵 $\boldsymbol{A}$ 和 $\boldsymbol{B}$ 有相同的行数与列数,则称 $\boldsymbol{A}$ 和 $\boldsymbol{B}$ 为同型矩阵.

对于 n 阶方阵 $\boldsymbol{A} = (a_{ij})$,称元素 $a_{11}, a_{22}, \cdots, a_{nn}$ 构成 $\boldsymbol{A}$ 的主对角线. 主对角线以下(上)的元素全为零的方阵称为上(下)三角阵,上三角阵、下三角阵统称为三角阵. 主对角线以外的元素全是 0 的 n 阶方阵称为 n 阶对角阵. 特别地,主对角线元素全是 1 的 n 阶对角阵称为 n 阶单位阵,记为 $\boldsymbol{E}_n$ 或 $\boldsymbol{E}$. 每一个元都等于零的矩阵称为零矩阵,记为 $\boldsymbol{O}_{m \times n}$.

例 1　判断下列矩阵的类型：

$$(1)A = \begin{pmatrix} 3 & 1 & 4 \\ 0 & 2 & 5 \\ 0 & 0 & 8 \end{pmatrix};\qquad\qquad (2)B = \begin{pmatrix} 4 & 0 & 0 \\ 5 & 2 & 0 \\ 3 & 4 & 6 \end{pmatrix};$$

$$(3)C = \begin{pmatrix} 1 & 0 & 0 \\ 0 & 5 & 0 \\ 0 & 0 & 7 \end{pmatrix};\qquad\qquad (4)D = \begin{pmatrix} 1 & 0 & 0 \\ 0 & 1 & 0 \\ 0 & 0 & 1 \end{pmatrix}.$$

解　A 为上三角阵；B 为下三角阵；C 为对角阵；D 为单位阵.

5.2.2　矩阵加法与数乘

定义 4　如果矩阵 A 与 B 有相同的行数和列数（这时称 A 与 B 为同型矩阵），且对应元素相等，则称矩阵 A 与 B 相等，记作 $A = B$.

就是说，两个矩阵相等是指这两个矩阵是完全相同的矩阵.

定义 5　如果 A 与 B 都是 $m \times n$ 矩阵，则 A 与 B 的和 $A + B$ 也是 $m \times n$ 矩阵，且 $A + B$ 的每个元素是 A 与 B 的对应元素之和.

就是说，两个矩阵相加，只要把对应元素相加即可. 可加条件是两个矩阵是同型矩阵，若两个矩阵不是同型矩阵，则它们相加是没有意义的.

定义 6　若 λ 是一个数，$A = (a_{ij})_{m \times n}$ 是矩阵，则同型矩阵 $(\lambda a_{ij})_{m \times n}$ 称为数 λ 与矩阵 A 的乘积，记为 λA 或 $A\lambda$.

矩阵的加减法与矩阵的数乘统称为矩阵的线性运算，具有以下性质：

(1)加法交换律　$A + B = B + A$；

(2)加法结合律　$A + B + C = A + (B + C)$；

(3)数乘分配率　$\lambda(A + B) = \lambda A + \lambda B, (\lambda + \mu)A = \lambda A + \mu A$；

(4)数乘结合律　$\lambda(\mu A) = (\lambda\mu)A$.

例2 已知 $A = \begin{pmatrix} 3 & 1 & 4 \\ 6 & 2 & 5 \\ 2 & 4 & 8 \end{pmatrix}, B = \begin{pmatrix} 4 & 3 & 1 \\ 5 & 2 & 5 \\ 3 & 4 & 6 \end{pmatrix},$ 求 $A + B$.

解

$$A + B = \begin{pmatrix} 3+4 & 1+3 & 4+1 \\ 6+5 & 2+2 & 5+5 \\ 2+3 & 4+4 & 8+6 \end{pmatrix} = \begin{pmatrix} 7 & 4 & 5 \\ 11 & 4 & 10 \\ 5 & 8 & 14 \end{pmatrix}.$$

5.2.3　矩阵的乘法

设 A 是一个 $m \times s$ 矩阵，B 是一个 $s \times n$ 矩阵，即

$$A = \begin{pmatrix} a_{11} & a_{12} & \cdots & a_{1s} \\ a_{21} & a_{22} & \cdots & a_{2s} \\ \vdots & \vdots & & \vdots \\ a_{m1} & a_{m2} & \cdots & a_{ms} \end{pmatrix}, B = \begin{pmatrix} b_{11} & b_{12} & \cdots & b_{1n} \\ b_{21} & b_{22} & \cdots & b_{2n} \\ \vdots & \vdots & & \vdots \\ b_{s1} & b_{s2} & \cdots & b_{sn} \end{pmatrix},$$

则 A 与 B 的乘积 AB 是一个 $m \times n$ 矩阵 $C = (c_{ij})$，其中

$$c_{ij} = a_{i1}b_{1j} + a_{i2}b_{2j} + \cdots + a_{is}b_{sj} = \sum_{k=1}^{s} a_{ik}b_{kj}(i = 1,2,\cdots,m;j = 1,2,\cdots,n).$$

上述矩阵乘法规则包括三个要点：

(1)AB 可运算的条件是 A 的列数等于 B 的行数；

(2)AB 的行数等于 A 的行数，AB 的列数等于 B 的列数；

(3)AB 的第 i 行第 j 列的元素是 A 的第 i 行与 B 的第 j 列的对应元素的乘积之和.

设下面的运算都是可进行的,则有

(1)结合律　$(AB)C = A(BC)$；

(2) 左乘分配律　$A(B+C)=AB+AC$；

(3) 右乘分配律　$(B+C)A=BA+CA$；

(4) $k(AB)=(kA)B=A(kB)$，k 是任意数；

(5) $EA=AE=A$，其中 E 是单位阵.

根据结合律，我们在写多个矩阵的乘积时可以不加括号，如 $(AB)C$ 和 $A(BC)$ 都可写成 ABC，条件是每两个相邻的矩阵是可乘的，并且不能改变矩阵的排列顺序.

方阵的幂　如果 A 是 n 阶方阵，k 是正整数，则幂 A^k 表示 k 个 A 的乘积，即

$$A^k=\underbrace{AA\cdots A}_{k\text{个}},$$

并规定 $A^0=E$.

例3　设

$$A=\begin{pmatrix}3&2&1\\1&0&2\end{pmatrix},B=\begin{pmatrix}2&3\\-1&0\end{pmatrix},$$

两矩阵相乘是否有意义，若有意义，将其求出.

解　AB 没有意义；

$$BA=\begin{pmatrix}2&3\\-1&0\end{pmatrix}\begin{pmatrix}3&2&1\\1&0&2\end{pmatrix}=\begin{pmatrix}9&4&8\\-3&-2&-1\end{pmatrix}.$$

5.2.4　转置矩阵

设 A 是一个 $m\times n$ 矩阵，A 的转置矩阵是一个 $n\times m$ 矩阵，用 A^T 表示. A^T 的第 i 行第 j 列的元素就是 A 的第 j 行第 i 列的元素.

例4　设 $A=\begin{pmatrix}a&b\\c&d\end{pmatrix},B=\begin{pmatrix}2&1\\0&-3\\5&4\end{pmatrix},x=\begin{pmatrix}3\\-1\\2\end{pmatrix}$，给出其转置矩阵.

解　$\boldsymbol{A}^{\mathrm{T}} = \begin{pmatrix} a & c \\ b & d \end{pmatrix}$, $\boldsymbol{B}^{\mathrm{T}} = \begin{pmatrix} 2 & 0 & 5 \\ 1 & -3 & 4 \end{pmatrix}$, $\boldsymbol{x}^{\mathrm{T}} = (3 \quad -1 \quad 2)$ 或 $\boldsymbol{x} =$

$(3 \quad -1 \quad 2)^{\mathrm{T}}$.

不难验证,转置矩阵具有下面的定理 1 所给出的运算性质.

定理 1　设 $\boldsymbol{A}$ 与 $\boldsymbol{B}$ 是矩阵,其行数和列数使下列和与积有定义,则

(1) $(\boldsymbol{A}^{\mathrm{T}})^{\mathrm{T}} = \boldsymbol{A}$;

(2) $(\boldsymbol{A} + \boldsymbol{B})^{\mathrm{T}} = \boldsymbol{A}^{\mathrm{T}} + \boldsymbol{B}^{\mathrm{T}}$;

(3) $(k\boldsymbol{A})^{\mathrm{T}} = k\boldsymbol{A}^{\mathrm{T}}$, k 是任意数;

(4) $(\boldsymbol{AB})^{\mathrm{T}} = \boldsymbol{B}^{\mathrm{T}}\boldsymbol{A}^{\mathrm{T}}$.

注意:一般 $(\boldsymbol{AB})^{\mathrm{T}} \neq \boldsymbol{A}^{\mathrm{T}}\boldsymbol{B}^{\mathrm{T}}$,即使 $\boldsymbol{A}^{\mathrm{T}}\boldsymbol{B}^{\mathrm{T}}$ 是有定义的. 定理 1 的第 4 条还可推广到多于两个矩阵的乘积,例如 $(\boldsymbol{ABC})^{\mathrm{T}} = \boldsymbol{C}^{\mathrm{T}}\boldsymbol{B}^{\mathrm{T}}\boldsymbol{A}^{\mathrm{T}}$.

5.2.5　矩阵方程

对于线性方程组

$$
\begin{aligned}
a_{11}x_1 + a_{12}x_2 + \cdots + a_{1n}x_n &= b_1 \\
a_{21}x_1 + a_{22}x_2 + \cdots + a_{2n}x_n &= b_2 \\
&\cdots \\
a_{m1}x_1 + a_{m2}x_2 + \cdots + a_{mn}x_n &= b_m
\end{aligned}
\tag{1}
$$

记

$$
\boldsymbol{A} = \begin{pmatrix} a_{11} & a_{12} & \cdots & a_{1n} \\ a_{21} & a_{22} & \cdots & a_{2n} \\ \vdots & \vdots & & \vdots \\ a_{m1} & a_{m2} & \cdots & a_{mn} \end{pmatrix}, \boldsymbol{x} = \begin{pmatrix} x_1 \\ x_2 \\ \vdots \\ x_n \end{pmatrix}, \boldsymbol{b} = \begin{pmatrix} b_1 \\ b_2 \\ \vdots \\ b_m \end{pmatrix}.
$$

由矩阵乘法,有

$$\begin{pmatrix} a_{11} & a_{12} & \cdots & a_{1n} \\ a_{21} & a_{22} & \cdots & a_{2n} \\ \vdots & \vdots & & \vdots \\ a_{m1} & a_{m2} & \cdots & a_{mn} \end{pmatrix}\begin{pmatrix} x_1 \\ x_2 \\ \vdots \\ x_n \end{pmatrix} = \begin{pmatrix} a_{11}x_1 + a_{12}x_2 + \cdots + a_{1n}x_n \\ a_{21}x_1 + a_{22}x_2 + \cdots + a_{2n}x_n \\ \vdots \\ a_{m1}x_1 + a_{m2}x_2 + \cdots + a_{mn}x_n \end{pmatrix},$$

于是方程组(1)可写成

$$\begin{pmatrix} a_{11} & a_{12} & \cdots & a_{1n} \\ a_{21} & a_{22} & \cdots & a_{2n} \\ \vdots & \vdots & & \vdots \\ a_{m1} & a_{m2} & \cdots & a_{mn} \end{pmatrix}\begin{pmatrix} x_1 \\ x_2 \\ \vdots \\ x_n \end{pmatrix} = \begin{pmatrix} b_1 \\ b_2 \\ \vdots \\ b_m \end{pmatrix},$$

即

$$Ax = b \tag{2}$$

的形式. (1)与(2)有相同的解集,式(2)称为矩阵方程.

显然,线性方程组、矩阵方程和向量方程之间具有下面的关系.

定理 2　如果 A 是 $m \times n$ 矩阵,它的各列为 $a_1, a_2, \cdots, a_n$,而 b 属于 $\mathbf{R}^m$,则矩阵方程

$$Ax = b$$

与向量方程

$$x_1 a_1 + x_2 a_2 + \cdots + x_n a_n = b$$

有相同的解集. 它又与增广矩阵为

$$(a_1 \quad a_2 \quad \cdots \quad a_n \quad b)$$

的线性方程组有相同的解集. 也可说成这些方程(组)彼此为等价的形式.

这个定理给出了研究线性代数问题的一个重要思想:我们可以将问题

用三种彼此等价的形式,即矩阵方程、向量方程或线性方程组来研究. 当我们构造应用中某个问题的数学模型时,可自由地选择任何一种最自然的形式,并可在方便时由一种形式转为另一种形式,例如将矩阵方程或向量方程转变为线性方程组求解.

有时也称 $Ax = b$ 为线性方程组,A 和 $(A\ b)$ 分别是它的系数矩阵和增广矩阵.

习题 5.2

1. 设 $A = \begin{pmatrix} 2 & 5 & 1 \\ 1 & 0 & 4 \end{pmatrix}$, $B = \begin{pmatrix} 2 & 3 & 1 \\ 5 & 1 & 4 \end{pmatrix}$,求 $A + B$.

2. 设 $A = \begin{pmatrix} 2 & 4 & 0 \\ 3 & 2 & 4 \\ 0 & 5 & 1 \end{pmatrix}$, $B = \begin{pmatrix} 2 & 1 & 5 \\ 0 & 2 & 3 \\ 4 & 1 & 3 \end{pmatrix}$,求 $A + B$.

3. 设 $A = \begin{pmatrix} 3 & 0 \\ 1 & 2 \end{pmatrix}$, $B = \begin{pmatrix} 3 & 1 & 2 \\ 2 & 0 & 1 \end{pmatrix}$,求 AB.

5.3 矩阵的秩与逆矩阵

5.3.1 逆矩阵

我们知道,如果数 $a \neq 0$,则方程 $ax = b$ 有唯一解 $x = a^{-1}b$. 其中 $a^{-1} = 1/a$ 是 a 的乘法逆. 那么,矩阵 A 是否也有这样的"乘法逆"呢?

定义 1(逆矩阵) 设 A 为 n 阶方阵,如果存在 n 阶方阵 B,使得

$$AB = BA = E,$$

则称方阵 A 是可逆的,并称 B 为方阵 A 的逆矩阵(简称为 A 的逆阵,或 A 的逆),记为 A^{-1}. 即当 A 可逆时,有

$$AA^{-1} = A^{-1}A = E.$$

如果 A 不存在逆矩阵,则称 A 不可逆. 不可逆矩阵有时又称为奇异矩阵,而可逆矩阵称为非奇异矩阵.

例 1　设 $A = \begin{pmatrix} 2 & 1 \\ 3 & -2 \end{pmatrix}, B = \begin{pmatrix} -2 & -1 \\ -3 & 2 \end{pmatrix}$,验证 B 是否为 A^{-1}.

解

$$AB = \begin{pmatrix} 2 & 1 \\ 3 & -2 \end{pmatrix}\begin{pmatrix} -2 & -1 \\ -3 & 2 \end{pmatrix} = \begin{pmatrix} -7 & 0 \\ 0 & -7 \end{pmatrix} \neq E,$$

$$BA = \begin{pmatrix} -2 & -1 \\ -3 & 2 \end{pmatrix}\begin{pmatrix} 2 & 1 \\ 3 & -2 \end{pmatrix} = \begin{pmatrix} -7 & 0 \\ 0 & -7 \end{pmatrix} \neq E,$$

B 不是 A 的逆矩阵.

定理 1　设 $A = \begin{pmatrix} a & b \\ c & d \end{pmatrix}$,如果 $ad - bc \neq 0$,则 A 可逆,且

$$A^{-1} = \frac{1}{ad-bc}\begin{pmatrix} d & -b \\ -c & a \end{pmatrix}; \tag{1}$$

如果 $ad - bc = 0$,则 A 不可逆.

读者可根据逆矩阵定义自行验证当 $ad - bc \neq 0$ 时式(1)的正确性.

$ad - bc$ 称为 2 阶方阵 A 的行列式,记为 $|A|$,或 $\det A$,或 $\begin{vmatrix} a & b \\ c & d \end{vmatrix}$. 矩阵

$\begin{pmatrix} d & -b \\ -c & a \end{pmatrix}$ 称为 A 的伴随矩阵,记作 A^*. 一般 n 阶方阵的伴随矩阵定义可

参阅其他线性代数教材.

定理 1 说明, 2 阶方阵 A 可逆的充要条件是 $|A| \neq 0$; 当 A 可逆时, 有

$$A^{-1} = \frac{1}{|A|} A^*.$$

例 2 $A = \begin{pmatrix} 2 & 1 \\ 4 & 2 \end{pmatrix}, B = \begin{pmatrix} 1 & 2 \\ 2 & 3 \end{pmatrix}$, 判断 A、B 是否可逆, 如果可逆, 求其逆

矩阵.

解 $|A| = 2 \times 2 - 1 \times 4 = 0$, 所以 A 不可逆;

$|B| = 1 \times 3 - 2 \times 2 = -1$, 则

$$B^{-1} = \begin{pmatrix} \dfrac{3}{-1} & \dfrac{-2}{-1} \\[2mm] \dfrac{-2}{-1} & \dfrac{1}{-1} \end{pmatrix} = \begin{pmatrix} -3 & 2 \\ 2 & -1 \end{pmatrix}.$$

5.3.2 可逆矩阵的性质

可逆矩阵具有下面的性质:

(1) 若方阵 A 可逆, 则 A^{-1} 是唯一的;

(2) 若方阵 A 可逆, 则 A^{-1} 也可逆, 且 $(A^{-1})^{-1} = A$;

(3) 若同阶方阵 A 和 B 均可逆, 则 AB 也可逆, 且 $(AB)^{-1} = B^{-1}A^{-1}$;

(4) 若方阵 A 可逆, 则 A^{T} 也可逆, 且 $(A^{\mathrm{T}})^{-1} = (A^{-1})^{\mathrm{T}}$.

5.3.3 可逆矩阵的秩

定义 2 矩阵 A 的阶梯型的非零行的行数称为矩阵 A 的秩, 记作 rank A.

例3 求矩阵 $A = \begin{pmatrix} 1 & 5 & 0 & -2 & 3 \\ 4 & 1 & 2 & 2 & 5 \\ 0 & 4 & 2 & 1 & 3 \\ -1 & -1 & 2 & 3 & 0 \end{pmatrix}$ 的秩.

解 先求 A 的阶梯型,有

$$A \xrightarrow{r_4 + r_1} \begin{pmatrix} 1 & 5 & 0 & -2 & 3 \\ 4 & 1 & 2 & 2 & 5 \\ 0 & 4 & 2 & 1 & 3 \\ 0 & 4 & 2 & 1 & 3 \end{pmatrix} \xrightarrow{r_4 - r_3} \begin{pmatrix} 1 & 5 & 0 & -2 & 3 \\ 4 & 1 & 2 & 2 & 5 \\ 0 & 4 & 2 & 1 & 3 \\ 0 & 0 & 0 & 0 & 0 \end{pmatrix},$$

可见 A 的阶梯型非零行的行数为 3,故 rank $A = 3$.

矩阵的秩可用来判定方阵的可逆性和线性方程组的相容性,如下面的定理所述.

定理2 n 阶方阵 A 可逆的充要条件是 rank $A = n$.

事实上,如果 n 阶方阵 A 可逆,可知 $\mathrm{rref}(A) = E_n$,因此 rank $A = n$;如果 rank $A = n$,也可得到 $\mathrm{rref}(A) = E_n$,所以 A 可逆.

定理3 设 $Ax = b$ 是 n 元线性方程组,rank $A = r$,rank$(A\ b) = s$,则

(1)$Ax = b$ 相容的充要条件是 $r = s$;

(2)对于 $Ax = b$,当 $r = s = n$ 时有唯一解,当 $r = s < n$ 时有无穷多解;

(3)$Ax = 0$ 有非零解的充要条件是 $r < n$.

事实上,

(1)$Ax = b$ 相容 $\Leftrightarrow (A\ b)$ 的阶梯型不含有形如 $(0 \ \cdots \ 0 \quad a)(a \neq 0)$ 的行 $\Leftrightarrow r = s$;

(2)当 $r = s = n$ 时,$Ax = b$ 有解且不含自由未知量,因此有唯一解,当 $r = s < n$ 时,$Ax = b$ 有解且含有自由未知量,因此有无穷多解;

(3)对于 $Ax = 0$,总有 $r = s$,因此结论显然成立.

习题5.3

判断下列矩阵是否可逆,如果可逆,求其逆矩阵:

$$(1)A = \begin{pmatrix} 1 & 2 \\ 3 & 4 \end{pmatrix};$$
$$(2)B = \begin{pmatrix} 5 & 0 \\ 3 & 1 \end{pmatrix};$$

$$(3)C = \begin{pmatrix} 2 & 4 \\ 3 & 6 \end{pmatrix};$$
$$(4)D = \begin{pmatrix} 1 & 4 \\ 0 & 5 \end{pmatrix}.$$

5.4　线性方程组

5.4.1　线性方程组及其相容性

一般线性方程组为形如

$$\begin{cases} a_{11}x_1 + a_{12}x_2 + \cdots + a_{1n}x_n = b_1 \\ a_{21}x_1 + a_{22}x_2 + \cdots + a_{2n}x_n = b_2 \\ \qquad\qquad \cdots \\ a_{m1}x_1 + a_{m2}x_2 + \cdots + a_{mn}x_n = b_m \end{cases} \tag{1}$$

的方程组,称为 n 元线性方程组. 它由包含 n 个未知量 $x_1,x_2,\cdots,x_n$ 的 m 个方程组成. m,n 可以是任意正整数,在本书的例题或习题中,n 一般在 $2\sim 5$;在实际问题中,n 可能是数十、数千或更大.

线性方程组相容(不相容)是指方程组有解(无解). 由两条直线的三种可能的位置关系(平行、相交、重合),可知二元线性方程组的相容性包括无解、有唯一解和有无穷多解三种可能情形. 这一结论对于一般线性方程组也是适用的.

显然,线性方程组(1)的相容性与未知量取什么字母无关,而是完全取决于未知量的系数 a_{ij} 和常数项 $b_i(i=1,2,\cdots,m;j=1,2,\cdots,n)$. 本书主要利用由它们构成的称为矩阵的矩形数表

$$
\begin{pmatrix}
a_{11} & a_{12} & \cdots & a_{1n} \\
a_{21} & a_{22} & \cdots & a_{2n} \\
\vdots & \vdots & & \vdots \\
a_{m1} & a_{m2} & \cdots & a_{mn}
\end{pmatrix}
和
\begin{pmatrix}
a_{11} & a_{12} & \cdots & a_{1n} & b_1 \\
a_{21} & a_{22} & \cdots & a_{2n} & b_2 \\
\vdots & \vdots & & \vdots & \vdots \\
a_{m1} & a_{m2} & \cdots & a_{mn} & b_m
\end{pmatrix}
$$

来讨论方程组的相容性以及求解方法. 前者是由方程组(1)的未知量系数构成的矩阵,称为方程组(1)的系数矩阵;后者是由方程组(1)的未知量系数和常数项构成的矩阵,称为方程组(1)的增广矩阵.

例如,线性方程组

$$
\begin{cases}
x_1 - 2x_2 + x_3 = 0 \\
2x_2 - 8x_3 = 8 \\
-4x_1 + 5x_2 + 9x_3 = -9
\end{cases}
\tag{2}
$$

的系数矩阵和增广矩阵分别为

$$
\begin{pmatrix}
1 & -2 & 1 \\
0 & 2 & -8 \\
-4 & 5 & 9
\end{pmatrix}
和
\begin{pmatrix}
1 & -2 & 1 & 0 \\
0 & 2 & -8 & 8 \\
-4 & 5 & 9 & -9
\end{pmatrix}.
$$

矩阵的横排称为行,竖排称为列. 构成矩阵的每一个数称为矩阵的元素. 如果矩阵由 m 行 n 列元素构成,就说它是一个 $m \times n$ 矩阵(可读作 m 行 n 列矩阵,m 和 n 是正整数). 例如方程组(2)的增广矩阵是一个 3×4 矩阵. 矩阵还常用 A,B,C 等大写字母来表示. 元素全为 0 的矩阵称为零矩阵,记作

O. 还可同时用下标表示矩阵的行数和列数,如一个 $m \times n$ 矩阵 A 可写成 $A_{m \times n}$. 一个 $n \times n$ 矩阵称为 n 阶方阵,记作 A_n. 例如,方程组(2)的系数矩阵是一个 3 阶方阵.

定义 1 满足下列条件的非零矩阵称为行阶梯型矩阵(简称阶梯型矩阵):

(1)非零行(即元素不全为零的行)总是在零行(即元素全为零的行)的上方;

(2)每一非零行的先导元素(即首个非零元素)总是位于上一非零行的先导元素的右侧.

定义 2 如果一个阶梯型矩阵满足下列性质:

(1)每个先导元素都是 1;

(2)每个先导元素 1 是该元素所在列的唯一非零元素;

则称它为简化行阶梯型矩阵(简称简化阶梯型矩阵).

可以证明,一个非零矩阵总有与之等价的阶梯型矩阵,并且不是唯一的. 一个非零矩阵总有唯一的与之等价的简化阶梯型矩阵. 与矩阵 A 等价的阶梯型矩阵称为 A 的阶梯型;与矩阵 A 等价的简化阶梯型矩阵称为 A 的简化阶梯型,记作 rref(A).

5.4.2 线性方程组的解法

线性方程组的一般形式是

$$\begin{cases} a_{11}x_1 + a_{12}x_2 + \cdots + a_{1n}x_n = b_1 \\ a_{21}x_1 + a_{22}x_2 + \cdots + a_{2n}x_n = b_2 \\ \qquad\qquad\cdots \\ a_{m1}x_1 + a_{m2}x_2 + \cdots + a_{mn}x_n = b_m \end{cases}.$$

当等号右端的 m 个常数不全为零时,称它为非齐次线性方程组;当等号右端的常数全部为零时,称它为齐次线性方程组. 利用矩阵乘法,非齐次线性方程组可以记为矩阵形式:

$$Ax = b\,(b \neq 0)$$

它的增广矩阵记为 $B = (A, b)$. 利用向量的线性运算,非齐次线性方程组可以表示为向量形式:

$$A_1 x_1 + A_2 x_2 + \cdots + A_n x_n = b\,(b \neq 0).$$

定理 1　非线性齐次方程组有解的充要条件是系数矩阵的秩与增广矩阵的秩相等,即

$$r_A = r_B$$

定理 2　当 $r_A = r_B = n$ 时,非线性齐次方程组只有唯一解;当 $r_A = r_B = r < n$ 时,它有无穷多解.

矩阵消元法　若用初等行变换把方程组的增广矩阵 B 化成阶梯型矩阵 B_1,则以 B_1 为增广矩阵的线性方程组是原方程组的同解方程组. 步骤如下:

(1)写出线性方程组的增广矩阵 B;

(2)将 B 化为它的阶梯型,如果该矩阵含有形如 $(0 \quad \cdots \quad 0 \quad b)\,(b \neq 0)$ 的行,则原方程组无解,工作结束,否则原方程组有解,按下面的步骤求解;

(3)继续把 B 化为它的简化阶梯型 $\mathrm{rref}(B)$,如果无自由未知量,则由 $\mathrm{rref}(B)$(的最后一列)得到原方程组的唯一解,否则进行下一步;

(4)写出 $\mathrm{rref}(B)$ 对应的线性方程组;

(5)将含有自由未知量的项移到等式右边,写出原方程组的通解.

例 1　解线性方程组

$$\begin{cases} x_1 - 2x_2 + x_3 = 0 \\ 2x_2 - 8x_3 = 8 \\ -4x_1 + 5x_2 + 9x_3 = -9 \end{cases}.$$

解

$$\begin{pmatrix} 1 & -2 & 1 & 0 \\ 0 & 2 & -8 & 8 \\ -4 & 5 & 9 & -9 \end{pmatrix} \xrightarrow{r_3 + 4r_1} \begin{pmatrix} 1 & -2 & 1 & 0 \\ 0 & 2 & -8 & 8 \\ 0 & -3 & 13 & -9 \end{pmatrix}$$

$$\xrightarrow{(1/2)r_2} \begin{pmatrix} 1 & -2 & 1 & 0 \\ 0 & 1 & -4 & 4 \\ 0 & -3 & 13 & -9 \end{pmatrix}$$

$$\xrightarrow[r_3 + 3r_2]{r_1 + 2r_2} \begin{pmatrix} 1 & 0 & -7 & 8 \\ 0 & 1 & -4 & 4 \\ 0 & 0 & 1 & 3 \end{pmatrix} \xrightarrow[r_2 + 4r_3]{r_1 + 7r_3} \begin{pmatrix} 1 & 0 & 0 & 29 \\ 0 & 1 & 0 & 16 \\ 0 & 0 & 1 & 3 \end{pmatrix}.$$

因此,原方程组的解是$(29, 16, 3)$.

习题5.4

解下列线性方程组:

$$(1)\begin{cases} x_1 + 3x_2 + 2x_3 = 0 \\ 2x_2 - 4x_3 = 4 \\ -2x_1 + 5x_2 + 2x_3 = -3 \end{cases} ; \qquad (2)\begin{cases} x_1 + 5x_2 + 3x_3 = 2 \\ x_1 + 3x_2 - x_3 = 0 \\ -x_1 + 4x_2 + 4x_3 = -5 \end{cases} .$$

习题5

1. 利用行列式的定义计算:

$$(1)\begin{vmatrix} 1 & 2 & 0 & 0 \\ 3 & 4 & 0 & 0 \\ 2 & 1 & -1 & 3 \\ 1 & 7 & 5 & 1 \end{vmatrix};\qquad (2)\begin{vmatrix} x & y & 0 & 0 & 0 \\ 0 & x & y & 0 & 0 \\ 0 & 0 & x & y & 0 \\ 0 & 0 & 0 & x & y \\ y & 0 & 0 & 0 & x \end{vmatrix}.$$

2. 利用行列式性质计算:

$$(1)\begin{vmatrix} 2 & 0 & -4 & -1 \\ 3 & 6 & 1 & 1 \\ 3 & -13 & 12 & -1 \\ 2 & 3 & 3 & 1 \end{vmatrix};\qquad (2)\begin{vmatrix} 4 & 1 & 1 & 1 \\ 1 & 4 & 1 & 1 \\ 1 & 1 & 4 & 1 \\ 1 & 1 & 1 & 4 \end{vmatrix}.$$

3. $A = \begin{pmatrix} 1 & 3 \\ 2 & -1 \end{pmatrix}, B = \begin{pmatrix} 3 & 0 \\ 1 & 2 \end{pmatrix}$, 求 $2A - 3B$.

4. 计算下列矩阵的乘积:

$$(1)\begin{pmatrix} 3 & -2 \\ 0 & 1 \\ 2 & 4 \\ -1 & 0 \end{pmatrix}\begin{pmatrix} 2 & 1 & -1 \\ 0 & -1 & 2 \end{pmatrix};$$

$$(2)\begin{pmatrix} 3 & 2 & -1 \\ -2 & 1 & 0 \\ 1 & 0 & 3 \end{pmatrix}\begin{pmatrix} 2 & 3 \\ 1 & -1 \\ 2 & 4 \end{pmatrix}.$$

5. 已知 n 阶矩阵 A 和 B 满足等式 $AB = BA$, 证明:

$(1)\,(A + B)^2 = A^2 + 2AB + B^2$;

$(2)\,(A + B)(A - B) = A^2 - B^2$.

6. 用初等行变换将下列矩阵化成阶梯型矩阵,并求它们的秩:

$$(1)\begin{pmatrix} 1 & 4 & 10 & 0 \\ 7 & 8 & 18 & 4 \\ 17 & 18 & 40 & 10 \\ 3 & 7 & 13 & 1 \end{pmatrix};$$

$$(2)\begin{pmatrix} 2 & 1 & 11 & 2 \\ 1 & 0 & 4 & -1 \\ 11 & 4 & 56 & 5 \\ 2 & -1 & 5 & -6 \end{pmatrix}.$$

7. 判断下列方程组是否有解,若有,求出其通解:

$$(1)\begin{cases} x_1 - 2x_2 + 3x_3 - x_4 = 1 \\ 3x_1 - x_2 + 5x_3 - 3x_4 = 2 \, ; \\ 2x_1 + x_2 + 2x_3 - 2x_4 = 3 \end{cases}$$

$$(2)\begin{cases} 3x_1 - 5x_2 + 2x_3 + 4x_4 = 2 \\ 7x_1 - 4x_2 + x_3 + 3x_4 = 5 \, . \\ 5x_1 + 7x_2 - 4x_3 - 6x_4 = 3 \end{cases}$$

第6章 概率统计初步

概率论是研究随机现象及其统计规律的学科,它同时也是数理统计的理论基础.本章将在中学数学中已有的概率论知识的基础上,结合经济应用问题,进一步介绍随机事件及其概率、随机变量及其概率分布以及随机变量的数字特征等知识.

6.1 随机事件与概率

6.1.1 随机事件

定义 1 在一定条件下,必然发生的事件称为必然事件,如"太阳东升西落",常记作 Ω ;不可能发生的事件称为不可能事件,如"总成本小于固定成本",常记作 $\varnothing$;可能发生也可能不发生的事件称为随机事件,简称事件,常用 A,B,C 等大写字母表示,如 A ="产品检验检出次品", B = "人身保险被保险人在保险期内伤亡"等都是随机事件.必然事件和不可能事件也可看作随机事件的特例.

定义 2 在一定条件下观察某现象的结果称为试验.如果试验的结果是随机事件,就说这个试验是随机试验,简称试验.如"检测 10 件产品,登记出现的次品数"就是一个随机试验,"检出 k 件次品"($k = 0,1,2,\cdots,10$),"检出次品数小于 3"都是试验的可能结果,它们都是随机事件.

有些随机事件可分为更"细小"的事件,如"检出次品数小于 3"可分为"检出 0 件次品""检出 1 件次品""检出 2 件次品"三个事件.不可再分的"最细小"的随机事件称为基本事件,也称为样本点.如在上述产品检验的试验中,"检出 k 件次品"($k = 0,1,2,\cdots,10$)就是基本事件.

随机试验通常应具有以下特点:

(1)试验可以在相同条件下重复进行;

(2)试验包含的基本事件不止一个,但所有基本事件是明确可知的;

(3)每次试验总是恰好发生一个基本事件,但在试验之前不能确定会发生哪一个基本事件.

用集合来描述随机事件:某试验的全体基本事件的集合称为该试验的样本空间,记作 Ω. 而随机事件 A 被认为是样本空间 Ω 的一个子集. A 发生是指 A 所包含的基本事件有一个发生.例如在上面产品检验的试验中,用数 k 表示基本事件"检出 k 件次品"($k = 0, 1, 2, \cdots, 10$),则该试验的样本空间为 $\Omega = \{0, 1, 2, \cdots, 10\}$,而事件"检出次品数小于 3"可表示为 $\{0, 1, 2\}$,它是 Ω 的子集.显然,样本空间 Ω 是随机事件的一个特例,即必然事件,因为每次试验它所包含的基本事件必然有一个会发生.而空集 $\varnothing$ 是另一个特例,是不可能事件,因为它不包含任何基本事件.

事件的和与积:$A + B$(或记为 $A \cup B$)表示一个事件,称为事件 A 与 B 的和,$A + B$ 发生是指 A 和 B 至少有一个发生;AB(或记为 $A \cap B$)表示一个事件,称为 A 与 B 的积,AB 发生是指 A 和 B 同时发生.事件的和与积的概念可推广到多个事件.例如,生产某产品共经过三道工序,分别用 A,B,C 表示第 1,2,3 道工序出现次品,则 $A + B + C$ 表示"三道工序中至少有一道工序出现次品",亦即"最终出现次品".

6.1.2　随机事件的概率

1. 概率与频率

刻画随机事件 A 发生的可能性大小的数称为事件 A 的概率,记作 $P(A)$. 随机事件的概率总是客观存在的,就像线段总有长度,物体总有质量一样.

在相同条件下进行重复试验时,事件 A 发生的次数(也称频数)与试验次数之比称为事件 A 发生的频率. 对任一随机事件 A,在大量重复进行同一试验时,事件 A 发生的频率总是接近于某个常数,即在它附近摆动. 这种现象称为频率的稳定性,这个数就是 A 发生的概率. 因此,我们可以通过进行大量重复试验,利用频率来"度量"随机事件的概率,就像用尺子度量线段的长度,用天平度量物体的质量一样.

设 A 是任一随机事件, $f_n(A)$ 为事件 A 在 n 次试验中发生的频率,显然有

$$0 \leqslant f_n(A) \leqslant 1 ; f_n(\emptyset) = 0 , f_n(\Omega) = 1.$$

因此,认为对于任一随机事件 A,都有 $0 \leqslant P(A) \leqslant 1 ; P(\emptyset) = 0 , P(\Omega) = 1$.

2. 互斥事件有一个发生的概率

如果事件 A 与事件 B 不能同时发生,即 $AB = \emptyset$,则称 A 与 B 为互斥(或互不相容)事件. 如果事件 $A_1, A_2, \cdots, A_n$ 中任意两个都是互斥事件,就说事件 $A_1, A_2, \cdots, A_n$ 彼此互斥.

如果 A 和 B 是两个互斥事件,则有

$$P(A + B) = P(A) + P(B).$$

更一般的情形是,对于任何两个事件 A 和 B,有

$$P(A + B) = P(A) + P(B) - P(AB).$$

3. 对立事件的概率

检验某件产品时,事件"合格"和"不合格"是一对互斥事件,而且必然发生一件. 我们说它们其中一个是另一个的对立事件. 一般地,如果有 $AB = \varnothing$,且 $A + B = \Omega$,则称 B 为 A 的对立事件(A 也是 B 的对立事件). 事件 A 的对立事件记作 $\bar{A}$,显然 $\bar{A}$ 发生当且仅当 A 不发生. 对于任一事件 A,由 $P(\Omega) = P(A + \bar{A}) = P(A) + P(\bar{A}) = 1$,得

$$P(\bar{A}) = 1 - P(A).$$

4. 等可能性试验及其事件的概率

等可能性试验(也称为古典概型)是指试验包含的基本事件数是有限的,且每一个基本事件发生的概率都相等. 对于这种试验,我们可以不重复进行具体的试验,而是通过对一次试验中可能出现的结果进行分析来计算事件的概率. 如果试验的基本事件总数为 n,事件 A 包含的基本事件数为 m,则

$$P(A) = \frac{m}{n}.$$

例 1 圆形靶子分为三环,射手命中 1 环的概率为 0.15,命中 2 环的概率为 0.23,命中 3 环的概率为 0.17,试求没有命中靶子的概率.

解 设 $\bar{A} =$ "没有中靶",$A =$ "中靶",$A_i =$ "命中第 i 环" $(i = 1,2,3)$,则 A_1, A_2, A_3 两两互不相容,且

$$A = A_1 \cup A_2 \cup A_3,$$

于是

$$P(\bar{A}) = 1 - P(A)$$
$$= 1 - (P(A_1) + P(A_2) + P(A_3))$$
$$= 1 - (0.15 + 0.23 + 0.17)$$

$$= 0.45.$$

6.1.3 事件的独立性

1.条件概率

先看一个简单的例子.

例2 一个家庭中有两个小孩:

(1)两个都是女孩的概率为多大;

(2)已知其中至少有一个是女孩,问两个都是女孩的概率为多大?

解 记 A = "两个都是女孩",则 A = {(女,女)}.

(1)中试验的样本空间为(不区分出生顺序) Ω = {(男,男),(男,女),(女,女)},于是

$$P(A) = 1/3.$$

(2)中试验的样本空间为(不区分出生顺序) Ω = {(男,女),(女,女)},于是

$$P(A) = 1/2.$$

在上述例子中,虽然(1)和(2)是计算同一个事件 A = "两个都是女孩"的概率,但由于在(2)中多了一个条件——"其中至少有一个是女孩",使(1)和(2)两个试验的样本空间不同,从而所得到的事件 A 的概率也不相同.

条件"其中至少有一个是女孩"也是一个事件,不妨记为 B . 于是把(2)中所求的概率称为在事件 B 发生的条件下,事件 A 发生的条件概率,并记为 $P(A|B)$. 如在例2(2)中有 $P(A|B)$ = 1/2.

也可以不用像例2那样考察不同的样本空间,而是用下面的公式来计算条件概率:

$$P(A|B) = \frac{P(AB)}{P(B)} \quad (P(B) > 0). \tag{1}$$

如在例 2 中,有 $P(B) = \dfrac{2}{3}$,$P(AB) = \dfrac{1}{3}$. 于是有

$$P(A|B) = \frac{P(AB)}{P(B)} = \frac{1/3}{2/3} = \frac{1}{2}.$$

式(1)还可变形为

$$P(AB) = P(B)P(A|B)(P(B) > 0). \tag{2}$$

式(2)称为概率乘法公式.

2. 事件的独立性

如果 $P(A|B) = P(A)$,即事件 B 是否发生对事件 A 不产生影响,这时式(2)成为

$$P(AB) = P(A)P(B). \tag{3}$$

一般地,如果式(3)成立,则称事件 A 与 B 相互独立.

多于两个的事件的独立性概念要复杂些. 例如对于三个事件 A,B,C,如果

$$P(AB) = P(A)P(B),$$
$$P(BC) = P(B)P(C),$$
$$P(AC) = P(A)P(C),$$
$$P(ABC) = P(A)P(B)P(C)$$

四个等式同时成立,则称事件 A,B,C 相互独立.

可以证明,如果事件 A 与 B 相互独立,则 $\bar{A}$ 与 B、A 与 $\bar{B}$、$\bar{A}$ 与 $\bar{B}$ 均相互独立. 即将相互独立事件中的部分或全部换成它们的对立事件后仍是相互独立的. 这个结论可推广到有限个事件.

例 3 一个机械由 n 个元件 $e_1, e_2, \cdots, e_n$ 并联构成,各元件能否正常工作是相互独立的,由于元件并联,因此只要有一个元件没有失效,机械就能工作,求机械工作的概率。

解　$A = \{$机械正常工作$\}$，$A_i = \{$元件 e_i 正常工作$\}(i = 1,2,\cdots,n)$，设 $P(A_i) = p_i$ 和 $P(\overline{A_i}) = 1 - p_i = q_i (i = 1,2,\cdots,n)$，由于元件并联，因此

$$A = A_1 \cup A_2 \cup \cdots \cup A_n,$$

于是机械工作的概率

$$P(A) = P(A_1 \cup A_2 \cup \cdots \cup A_n) = 1 - P\overline{(A_1 \cup A_2 \cup \cdots \cup A_n)}$$

$$= 1 - P(\overline{A_1} \cap \overline{A_2} \cap \cdots \cap \overline{A_n})$$

$$= 1 - P(\overline{A_1})P(\overline{A_2})\cdots P(\overline{A_n})$$

$$= 1 - \prod_{i=1}^{n} q_i.$$

习题 6.1

1. 投掷一枚硬币，可能的结果为正面朝上或背面朝上，且正面朝上和背面朝上的概率相同. 连续掷硬币 3 次，求至少有一次是正面朝上的概率.

2. 投掷两颗骰子，求点数之和为 4 的概率.

3. 在 10 件产品中有 2 件次品、8 件正品，从中随机抽取 2 件（每次抽取一件）进行抽样检验：

（1）采用无放回抽样，求在第一次抽到次品的条件下，第二次抽到次品的概率；

（2）采用放回抽样，求在第一次抽到次品的条件下，第二次抽到次品的概率.

6.2 随机变量及其分布

6.2.1 随机变量及其概率分布

1.随机变量

随机试验的可能结果常表现为一定的数量,从而可用一个变量来表示.如产品检验试验的结果"次品数",产品质量试验的结果"产品寿命",都表现为一定的数量,它们都可用变量来表示.

如果随机试验的结果可用一个变量表示,就把这个变量称为随机变量.在本书中,随机变量常用希腊字母 ξ, η 等表示.

例1 在100件产品中有3件次品,现从中任取5件,用 ξ 表示次品数,则事件"检出 k 件次品"可表示为 $\{\xi = k\}$ $(k = 0, 1, 2, 3)$.

例2 在试验"观察在某一小时内,通过某街口的车辆数"中,用 ξ 表示通过车辆数,则事件"一小时内通过 k 辆车"可表示为 $\{\xi = k\}$, ξ 的取值范围为 $\{0, 1, 2, \cdots\}$.

例3 在试验"测试某种手机的寿命(单位:小时)"中,用 ξ 表示该种手机的寿命,则事件"寿命不超过 x 小时"可表示为 $\{\xi \leqslant x\}$, ξ 的取值范围为 $[0, +\infty)$.

例4 检测一件产品是否合格,令

$$\xi = \begin{cases} 1, \\ 0, \end{cases}$$

则事件"合格"可表示为 $\{\xi = 1\}$,事件"不合格"可表示为 $\{\xi = 0\}$. 这样,尽管试验结果本身不直接表现为数量,但通过上述"量化",仍可用随机变量 ξ 来表示这些结果或事件.

2. 概率分布

如果了解了某个随机变量的所有可能取值以及取这些值的概率,也就了解了这个变量的全面信息. 随机变量 ξ 的取值及其概率的统计规律称为 ξ 的概率分布.

6.2.2 离散型随机变量及其概率分布

定义1(离散型随机变量) 如果随机变量 ξ 的取值的个数是有限的,或虽取值个数无限,但可以按照一定的次序一一列出,则称 ξ 为离散型随机变量.

如例1、例2和例4中的随机变量就是离散型随机变量.

定义2(离散型随机变量的分布律) 设离散型随机变量 ξ 的所有可能的取值为 $x_k(k=1,2,\cdots)$,且

$$P\{\xi = x_k\} = p_k(k=1,2,\cdots), \tag{1}$$

或写成表格形式

ξ	x_1	x_2	$\cdots$	x_k	$\cdots$
P	p_1	p_2	$\cdots$	p_k	$\cdots$

(2)

则称式(1)或表格(2)为离散型随机变量 ξ 的分布律(或分布列).

如例1中的随机变量 ξ 的分布律为

$$P\{\xi = k\} = \frac{C_3^k C_{97}^{5-k}}{C_{100}^5}(k=0,1,2,3).$$

也可将它写成表格形式.

ξ 的分布律也可写为

ξ	0	1	2	3
P	0.856	0.138	0.006	6.184×10^{-5}

离散型随机变量 ξ 的分布律就是 ξ 的概率分布,可以利用它计算 ξ 取任意值或其值落在任意区间的概率.

例 5 设 100 件同类产品中,有 5 件是次品,在其中任取 20 件,求次品数 X 的分布律.

解 X 的可能取值为 $0,1,2,3,4,5$,且

$$p_k = P\{X=k\} = \frac{C_{95}^{20-k} C_5^k}{C_{100}^{20}} (k=0,1,2,3,4,5).$$

由此可计算出分布律为

X	0	1	2	3	4	5
p_k	0.319	0.420	0.207	0.043	0.0108	0.0002

定义 3(分布函数) 设 ξ 为一随机变量,函数

$$F(x) = P\{\xi \leqslant x\} \quad (-\infty < x < +\infty) \tag{3}$$

称为 ξ 的分布函数.

分布函数具有如下的性质:

$(1)\, 0 \leqslant F(x) \leqslant 1$;

$(2)\, F(x)$ 是 x 的单调不减函数;

$(3)\, F(+\infty) = \lim\limits_{x \to +\infty} F(x) = 1, F(-\infty) = \lim\limits_{x \to -\infty} F(x) = 0$;

$(4)\, P\{a < \xi \leqslant b\} = P\{\xi \leqslant b\} - P\{\xi \leqslant a\} = F(b) - F(a)$,特别地,有 $P\{\xi > a\} = 1 - P\{\xi \leqslant a\} = 1 - F(a)$.

根据上述定义和性质,可用 ξ 的分布函数 $F(x)$ 求 ξ 落在任意区间的概率.

如果 ξ 是分布律为 $P\{\xi = x_k\} = p_k$ 的离散型随机变量,则 ξ 的分布函数为

$$F(x) = \sum_{x_k \leqslant x} p_k. \tag{4}$$

6.2.3　二点分布

在例 4 中,如果已知产品合格率为 63%,则随机变量 ξ 的分布律为

ξ	0	1
P	0.27	0.63

定义 4(二点分布)　如果随机变量 ξ 的分布律为

ξ	0	1
P	$1-p$	p

$(0 < p < 1)$,则称 ξ 服从参数为 p 的二点分布(或 0 – 1 分布),记为 $\xi \sim (0 – 1)$分布.

如果随机试验的可能结果只有两个,如"观察一件产品是否合格""观察电路是通还是断""观察设备工作是否正常"等,则可用一个服从二点分布的随机变量来描述这个试验.

6.2.4　二项分布

我们知道,n 次独立重复试验中事件 A 发生 k 次的概率

$$P_n(k) = C_n^k p^k (1-p)^{n-k} (k = 0,1,2,\cdots,n).$$

其中 p 是事件 A 在一次试验中发生的概率.

用 ξ 表示事件 A 在 n 次试验中发生的次数,则 ξ 是一个离散型随机变量,其分布律为

$$P\{\xi = k\} = C_n^k p^k (1-p)^{n-k} (k = 0,1,2,\cdots,n). \tag{5}$$

定义 5（二项分布） 如果随机变量 ξ 的分布律为式(5)，则称 ξ 服从参数为 n,p 的二项分布，记为 $\xi \sim B(n,p)$ $(0 < p < 1)$.

之所以称其为二项分布，是因为式(5)中的 $C_n^k p^k (1-p)^{n-k}$ 是二项式 $[p + (1-p)]^n$ 的展开式中的第 $k+1$ 项.

特别地，当 $n = 1$ 时，二项分布就成为二点分布.

例 6 一位客服需要同时与 n 位客户对话，设每位客户在一分钟内提出问题的概率为 $p,0 < p < 1$.

(1)求 1 分钟内有一位以上的客户需要回复的概率 $p_n(k)$；

(2)要求一分钟内有一位以上的客户需要回复的概率不超过 30%，在此要求下一位客服最多可以负责几位客户.

解 以 A 表示"一分钟内一位客服需要回复"，其概率 $P\{A\} = p$，$P\{\overline{A}\} = 1 - p = q$，一人同时负责 n 个客户，可以视为 n 次试验.

设 X 表示 n 次试验中时间 A 出现的次数，而 X 的可能取值为 $0,1,2,\cdots,n$. 所以，在 1 分钟有 k 位客户需要回复的概率为

$$P_n(k) = P\{X = k\} = C_n^k p^k (1-p)^{n-k}$$
$$= C_n^k p^k q^{n-k} (k = 0,1,\cdots,n).$$

在 1 分钟以内有 1 位以上客户需要回复的概率为

$$P(X > 1) = 1 - P\{X = 0\} - P\{X = 1\} = 1 - q^n - npq^{n-1}$$

令

$$n_0 = \max\{n \mid 1 - q^n - npq^{n-1} \leqslant 30\%\}$$

则 n_0 就是所要求的一位客服可以负责的最多客户数.

6.2.5 连续型随机变量及其概率分布

在实际工作和生活当中，有很多随机试验的可能结果取连续的数值，如

测试某产品的寿命、观察测量中的误差、观察气温的变化范围等. 因此,用来表示这些试验结果的随机变量 ξ 也是连续取值的,ξ 是一个连续型随机变量. 下面是连续型随机变量的严格定义.

定义 1(连续型随机变量及其密度函数)　对于随机变量 ξ,如果存在非负可积函数 $f(x)(-\infty < x < +\infty)$,使其对于任意实数 $a,b(a<b)$,都有

$$P\{a < \xi \leqslant b\} = \int_a^b f(x)\,\mathrm{d}x, \tag{6}$$

则称 ξ 为连续型随机变量,称 $f(x)$ 为 ξ 的概率密度函数,简称为密度函数或密度.

连续型随机变量 ξ 的密度函数就是 ξ 的概率分布. 因为如果有了 ξ 的密度函数 $f(x)$,就可由式(6)计算 ξ 落在任何区间的概率(区间端点问题将在后面讨论).

根据定义,可知 ξ 的密度函数具有下面的性质:

$(1) f(x) \geqslant 0$;

$(2) \int_{-\infty}^{+\infty} f(x)\,\mathrm{d}x = P\{-\infty < \xi < \infty\} = 1.$

反过来,只有当函数 $f(x)$ 满足上述性质时,$f(x)$ 才能是某个随机变量的密度函数.

式(6)和性质(2)的几何意义如图 6-2-1 和图 6-2-2 所示.

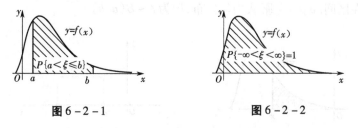

图 6-2-1　　　　　　　图 6-2-2

由式(6)还可以证明,连续型随机变量 ξ 取任一实数 a 的概率为零,即

$P\{\xi = a\} = 0.$ 于是

$$P\{a < \xi \leqslant b\} = P\{a < \xi < b\} = P\{a \leqslant \xi < b\} = P\{a \leqslant \xi \leqslant b\}.$$

就是说,连续型随机变量落在某个区间的概率与该区间是否包含区间端点无关.

如果 ξ 是密度函数为 $f(x)$ 的连续型随机变量,则 ξ 的分布函数(图 6 – 2 – 3)为

$$F(x) = P\{\xi \leqslant x\} = \int_{-\infty}^{x} f(t)\,\mathrm{d}t. \tag{7}$$

连续型随机变量的分布函数 $F(x)$ 除了具有 6.2.2 节中提到的分布函数的 4 个性质外,还具有下面两个性质:

(1)分布函数 $F(x)$ 是 x 的连续函数;

(2)如果密度函数 $f(x)$ 是连续函数,则

$$F'(x) = f(x). \tag{8}$$

6.2.6 均匀分布

定义 2(均匀分布) 如果随机变量 ξ 的密度函数(图 6 – 2 – 4)为

$$f(x) = \begin{cases} \dfrac{1}{b-a}, & a \leqslant x \leqslant b \\ 0, & \text{其他} \end{cases}, \tag{9}$$

则称 ξ 在区间 $[a,b]$ 上服从均匀分布,记为 $\xi \sim U(a,b)$.

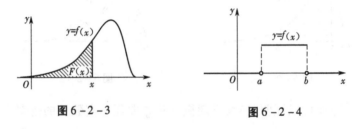

图 6 – 2 – 3　　　　　　　　图 6 – 2 – 4

如果 ξ 在 $[a,b]$ 上服从均匀分布,则对任意满足 $a < c < d < b$ 的 c 与 d,由式(9),有

$$P\{c < \xi \leqslant d\} = \int_c^d \frac{\mathrm{d}x}{b-a} = \frac{d-c}{b-a}.$$

即 ξ 落在包含于 $[a,b]$ 内的任一区间 (c,d) 的概率与 (c,d) 的长度成正比,而与 (c,d) 在 $[a,b]$ 中的位置无关.

在误差估计中,常用到均匀分布. 如在某近似计算中要将数据保留到小数点后第二位,小数点后第三位按四舍五入处理. 用 x 表示真值,$\hat{x}$ 表示近似值,则误差 $\xi = x - \hat{x}$ 满足 $-0.5 \times 10^{-2} < \xi < 0.5 \times 10^{-2}$,可认为 ξ 在区间 $[-0.5 \times 10^{-2}, 0.5 \times 10^{-2}]$ 上服从均匀分布.

6.2.7 正态分布

定义 3(正态分布) 如果随机变量 ξ 的密度函数为

$$f(x) = \frac{1}{\sqrt{2\pi}\sigma} \mathrm{e}^{-\frac{(x-\mu)^2}{2\sigma^2}} \quad (-\infty < x < +\infty), \tag{10}$$

其中 $\mu, \sigma(\sigma > 0)$ 是常数,则称 ξ 服从参数为 μ, σ 的正态分布,记为 $\xi \sim N(\mu, \sigma^2)$. 这时也称 ξ 为正态变量.

正态分布是概率论中最重要的一个分布. 许多实际问题中的变量,如测量误差、射击的弹着点与靶心的距离、人的身高或体重、学生的考试成绩等,都可认为服从正态分布. 进一步的理论研究表明,一个变量如果受到大量微小的、独立的随机因素的影响,那么这个变量一般是一个正态变量. 高斯(Gauss)在研究误差理论时曾用它来刻画误差,因此正态分布有时也称为高斯分布.

正态分布的密度函数 $f(x)$ 的图形称为正态曲线,图 6-2-5 给出了当 $\mu = 1, \sigma = 0.5, \sigma = 1$ 和 $\sigma = 2$ 时的正态曲线.

1. 正态分布的分布函数

设 $\xi \sim N(\mu, \sigma^2)$，则 ξ 的分布函数（图 6 - 2 - 6）为

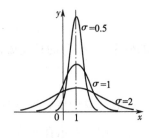

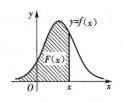

图 6 - 2 - 5 　　　　　　　　　　　图 6 - 2 - 6

$$F(x) = P\{\xi \leqslant x\} = = \int_{-\infty}^{x} \frac{1}{\sqrt{2\pi}\sigma} e^{-\frac{(t-\mu)^2}{2\sigma^2}} dt. \tag{11}$$

定义 4（标准正态分布） 　如果 ξ 服从参数为 $\mu = 0, \sigma = 1$ 的正态分布，即 $\xi \sim N(0,1)$，则称 ξ 服从标准正态分布. ξ 称为标准正态变量，其密度函数和分布函数分别记为 $\varphi(x)$ 和 $\Phi(x)$. 即

$$\varphi(x) = \frac{1}{\sqrt{2\pi}} e^{-\frac{x^2}{2}} (-\infty < x < +\infty), \tag{12}$$

$$\Phi(x) = P\{\xi \leqslant x\} = \int_{-\infty}^{x} \frac{1}{\sqrt{2\pi}} e^{-\frac{t^2}{2}} dt. \tag{13}$$

$\varphi(x)$ 的图形（即标准正态分布的密度曲线）和 $\Phi(x)$ 的几何意义如图 6 - 2 - 7 和图 6 - 2 - 8 所示.

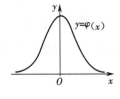

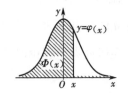

图 6 - 2 - 7 　　　　　　　　　　　图 6 - 2 - 8

2. 正态变量的概率计算

设 $\xi \sim N(\mu, \sigma^2)$，其分布函数为 $F(x)$. 在理论上，可以根据

$$P\{a < \xi \leqslant b\} = \int_a^b \frac{1}{\sqrt{2\pi}\,\sigma} e^{-\frac{(x-\mu)^2}{2\sigma^2}} \mathrm{d}x \text{ 或 } P\{a < \xi \leqslant b\} = F(b) - F(a)$$

求 ξ 落在任意区间的概率.

但用上述方法计算是比较困难的. 常用的做法是事先编制好正态分布表，然后通过查表的方式来计算. 由于正态分布与参数 μ, σ 有关，不可能对每一组 μ, σ 都编制相应的正态分布表. 因此，实际做法是只编制 $\mu = 0, \sigma = 1$ 的正态分布表，即"标准正态分布表"，而将一般正态变量的概率都归结为标准正态变量的概率来计算.

习题 6.2

从五个数 $1, 2, 3, 4, 5$，中任选三个数 X_1, X_2, X_3，求 $X = \max\{X_1, X_2, X_3\}$ 的分布律，并求 $P\{X \leqslant 4\}$.

6.3　随机变量的数字特征

随机变量的概率分布全面地描述了随机变量的统计规律，但在许多实际问题中，这种"全面描述"是不方便也是不必要的. 例如在市场调查中研究某种产品的销量时，直接观察各网点销量的分布可能反而使人感到茫然，实际上可能只需要知道销量的平均值和平均差异程度. 也就是说，有时可能只需要知道反映随机变量的某方面特征的一两个数.

6.3.1　数学期望

例1　某种零件的长度 ξ（单位：mm）的分布律如下：

ξ	118	119	120	121	122
P	0.16	0.21	0.30	0.19	0.14

检测 n 次这种零件,估计平均长度是多少.

解 根据 ξ 的分布律,n 次检测中,大约有 $0.16n$ 次为 118 mm,$0.21n$ 次为 119 mm,$0.30n$ 次为 120 mm,$0.19n$ 次为 121 mm,$0.14n$ 次为 122 mm,n 次检测总长度为

$$118 \times 0.16n + 119 \times 0.21n + 120 \times 0.30n + 121 \times 0.19n + 122 \times 0.14n$$

$$= (118 \times 0.16 + 119 \times 0.21 + 120 \times 0.30 + 121 \times 0.19 + 122 \times 0.14) \times n.$$

从而 n 次检测的平均长度大约是

$$118 \times 0.16 + 119 \times 0.21 + 120 \times 0.30 + 121 \times 0.19 + 122 \times 0.14$$

$$= 119.94(\text{mm}).$$

检测次数 n 越大,实际检测的平均长度越接近这一结果.

可见零件长度 ξ 的平均值为 ξ 的各个值与其概率的乘积之和,它称为 ξ 的数学期望.

定义 1(离散型随机变量的数学期望) 设离散型随机变量 ξ 的分布律为

$$P\{\xi = x_k\} = p_k(k = 1, 2, \cdots),$$

如果级数 $\sum\limits_{k=1}^{\infty} x_k p_k$ 绝对收敛,则称 $\sum\limits_{k=1}^{\infty} x_k p_k$ 为 ξ 的数学期望,简称为期望或均值,记为 $E(\xi)$.

即

$$E(\xi) = \sum_{k=1}^{\infty} x_k p_k. \tag{1}$$

这里要求级数绝对收敛(不仅仅是收敛)是为了确保级数的和不因求和次序改变而发生改变.

(1)级数 $x_1p_1 + x_2p_2 + \cdots$ 收敛是指数列 $\{S_n\}$ $(S_n = x_1p_1 + x_2p_2 + \cdots + x_np_n)$ 收敛.

(2)级数 $x_1p_1 + x_2p_2 + \cdots$ 绝对收敛是指级数 $|x_1p_1| + |x_2p_2| + \cdots$ 收敛.

(3)当 k 取 $1,2,\cdots,n$ 有限个数时,式(1)成为

$$E(\xi) = x_1p_1 + x_2p_2 + \cdots + x_np_n.$$

例2 设随机变量 $X \sim B(n,p)$,即

$$p_k = C_n^k p^k q^{n-k}(k = 0,1,\cdots,n),$$

其中 $q = 1 - p(0 < p < 1)$,求 $E(X)$.

解 $\displaystyle E(X) = \sum_{k=0}^{n} k C_n^k p^k q^{n-k} = \sum_{k=1}^{n} k C_{n-1}^{k-1} p^k q^{n-k}$

$\displaystyle \qquad = np \sum_{k=1}^{n} C_{n-1}^{k-1} p^{k-1} q^{(n-1)-(k-1)}$

$\displaystyle \qquad = np \sum_{j=0}^{n-1} C_{n-1}^{j} p^{j} q^{(n-1)-j}$

$\displaystyle \qquad = np(p+q)^{n-1} = np.$

在求随机变量 ξ 的函数 $\eta = g(\xi)$ 的数学期望时,可以先求随机变量 η 的概率分布,再根据数学期望的定义求 η 的数学期望.但也可以利用下面的定理,由 ξ 的概率分布来计算 η 的数学期望,而不必求 η 的概率分布.

定理 设随机变量 η 是随机变量 ξ 的连续函数 $\eta = g(\xi)$.

(1)当 ξ 为离散型随机变量,其分布律为

$$P\{\xi = x_k\} = p_k(k = 1,2,\cdots)$$

时,如果级数 $\displaystyle \sum_{k=1}^{\infty} g(x_k)p_k$ 绝对收敛,则有

$$E(\eta) = E(g(\xi)) = \sum_{k=1}^{\infty} g(x_k)p_k; \tag{2}$$

(2)当 ξ 为连续型随机变量,其密度函数为 $f(x)$ 时,如果积分 $\int_{-\infty}^{+\infty} g(x)$ $\cdot f(x)\mathrm{d}x$ 绝对收敛,则有

$$E(\eta) = E(g(\xi)) = \int_{-\infty}^{+\infty} g(x)f(x)\mathrm{d}x. \tag{3}$$

6.3.2 数学期望的性质

下面给出数学期望的几个性质,并假设所提到的数学期望总是存在的.

性质1 如果 c 为常数,则 $E(c) = c$.

性质2 设 ξ 是随机变量,c 是常数,则 $E(c\xi) = cE(\xi)$.

性质3 对于任意两个随机变量 ξ,η,都有

$$E(\xi + \eta) = E(\xi) + E(\eta).$$

这一性质可推广到有限个随机变量的情形,即

$$E\left(\sum_{k=1}^{n} \xi_k\right) = \sum_{k=1}^{n} E(\xi_k).$$

性质4 如果 ξ,η 是两个相互独立的随机变量,则有

$$E(\xi\eta) = E(\xi) \cdot E(\eta).$$

这一性质可推广到有限个随机变量的情形,即如果 $\xi_1,\xi_2,\cdots,\xi_n$ 相互独立,则有

$$E(\xi_1\xi_2\cdots\xi_n) = E(\xi_1)E(\xi_2)\cdots E(\xi_n).$$

随机变量 $\xi_1,\xi_2,\cdots,\xi_n$ 相互独立,是指它们中任何一个变量的取值不影响其他变量取值的概率.

例3 设随机变量 X 的概率密度为 $p(x) = \begin{cases} \mathrm{e}^{-x}, & x > 0 \\ 0, & x \leq 0 \end{cases}$,求 $E(X^2)$.

解 $E(X^2) = \int_{0}^{+\infty} x^2\mathrm{e}^{-x}\mathrm{d}x = 2.$

6.3.3　常用分布的数学期望

1. 二点分布

由 6.2.3 节,得

$$E(\xi) = 1 \times p + 0 \times (1-p) = p.$$

即服从二点分布的随机变量 ξ 的数学期望(简称为二点分布的数学期望,并类似地简称其他分布的数学期望或方差)为 ξ 取 1 的概率.

2. 二项分布

下面利用数学期望的性质求二项分布的数学期望.

由于服从二项分布的随机变量 ξ 是 n 次独立重复试验中事件 A 发生的次数. 用 $\xi_k(k=1,2,\cdots,n)$ 表示 A 在第 k 次试验中发生的次数,则

$$\xi = \xi_1 + \xi_2 + \cdots + \xi_n,$$

且 $\xi_k(k=1,2,\cdots,n)$ 均服从二点分布,因此

$$E(\xi_k) = p(k=1,2,\cdots,n).$$

于是由数学期望性质 3,得

$$E(\xi) = E(\xi_1 + \xi_2 + \cdots + \xi_n)$$
$$= E(\xi_1) + E(\xi_2) + \cdots + E(\xi_n) = np.$$

即二项分布的数学期望是二点分布的数学期望的 n 倍.

3. 均匀分布

$$E(\xi) = \int_{-\infty}^{+\infty} x f(x)\,\mathrm{d}x = \int_a^b \frac{x}{b-a}\mathrm{d}x = \frac{a+b}{2}.$$

即在区间 $[a,b]$ 上均匀分布的数学期望是区间 $[a,b]$ 的中点.

4. 正态分布

先求标准正态分布的数学期望.

— 151 —

设 $\xi \sim N(0,1)$，由 6.2 节式(12)，并注意到被积函数是奇函数，得

$$E(\xi) = \int_{-\infty}^{+\infty} \frac{x}{\sqrt{2\pi}} e^{-\frac{x^2}{2}} \mathrm{d}x = 0.$$

下面求参数为 μ, σ 的正态分布的数学期望.

设 $\xi \sim N(\mu, \sigma^2)$，从 6.2.7 节可知 $\dfrac{\xi - \mu}{\sigma} \sim N(0,1)$，因此有 $E\left(\dfrac{\xi - \mu}{\sigma}\right) = 0$；

由数学期望的性质又有 $E\left(\dfrac{\xi - \mu}{\sigma}\right) = \dfrac{E(\xi) - \mu}{\sigma}$，于是得 $\dfrac{E(\xi) - \mu}{\sigma} = 0$，故

$$E(\xi) = \mu.$$

6.3.4 方差

随机变量 ξ 的数学期望描述了 ξ 取值的平均水平. 在许多实际问题中，还需要了解 ξ 取值的离散程度.

定义 2（方差） 设 ξ 为随机变量，如果 $E(\xi - E(\xi))^2$ 存在，则称 $E(\xi - E(\xi))^2$ 为 ξ 的方差，记为 $D(\xi)$，即

$$D(\xi) = E(\xi - E(\xi))^2. \tag{4}$$

如果 ξ 为分布律为 6.2 节式(1)或表(2)的离散型随机变量，则由 6.3 节式(2)，得

$$D(\xi) = \sum_{k=1}^{\infty} (x_k - E(\xi))^2 p_k; \tag{5}$$

如果 ξ 为密度为 $f(x)$ 的连续型随机变量，则由 6.3 节式(3)，得

$$D(\xi) = \int_{-\infty}^{+\infty} (x - E(\xi))^2 f(x) \mathrm{d}x. \tag{6}$$

称 $\sqrt{D(\xi)}$ 为标准差或均方差，记为 $\sigma(\xi)$. $D(\xi)$ 与 $\sigma(\xi)$ 都是描述 ξ 的离散程度的量. 它们的值越大，表明 ξ 的值越分散；值越小，表明 ξ 的值越集中. 由于 $\sigma(\xi)$ 与 ξ 的量纲相同，因此在实际应用中更多采用 $\sigma(\xi)$ 来描述 ξ

的离散程度,而 $D(\xi)$ 则更多地用于理论研究.

根据方差的定义和数学期望的性质,还可以推出下面的方差简算公式:

$$D(\xi) = E(\xi)^2 - (E(\xi))^2. \qquad (7)$$

6.3.5　方差的性质

下面给出方差的几个性质,并假设所提到的方差总是存在的.

性质1　如果 c 为常数,则 $D(c) = 0$.

性质2　设 ξ 为随机变量,c 为常数,则有

$$D(c\xi) = c^2 D(\xi).$$

性质3　设 ξ, η 为两个相互独立的随机变量,则有

$$D(\xi + \eta) = D(\xi) + D(\eta).$$

这一结论可推广到有限个随机变量的情形,即如果 $\xi_k(k = 1, 2, \cdots, n)$ 相互独立,则

$$D\left(\sum_{k=1}^{n} \xi_k\right) = \sum_{k=1}^{n} D(\xi_k).$$

6.3.6　常用分布的方差

下面给出几个常用分布的方差,推导从略.

(1)二点分布:$D(\xi) = p(1 - p)$.

(2)二项分布:$D(\xi) = np(1 - p)$.

(3)均匀分布:$D(\xi) = (b - a)^2/12$.

(4)正态分布:$D(\xi) = \sigma^2$.

现在知道,正态分布 $N(\mu, \sigma^2)$ 的两个参数 μ 和 σ^2 分别是它的数学期望和方差.

例4 设随机变量 X 服从均匀分布,其概率密度为

$$p(x) = \begin{cases} \dfrac{1}{b-a}, a \leq x \leq b \\ \\ 0, 其他 \end{cases},$$

求 $E(X), D(X), \sigma_X$.

解 $E(X) = \displaystyle\int_{-\infty}^{+\infty} xp(x)\mathrm{d}x = \int_a^b \frac{x}{b-a}\mathrm{d}x = \frac{b+a}{2}$,

$E(X^2) = \displaystyle\int_{-\infty}^{+\infty} x^2 p(x)\mathrm{d}x = \int_a^b \frac{x^2}{b-a}\mathrm{d}x = \frac{b^2+ab+a^2}{3}$,

$D(X) = E(X^2) - (E(X))^2 = \dfrac{(b-a)^2}{12}$,

$\sigma_X = \sqrt{D(X)} = \dfrac{b-a}{2\sqrt{3}}$.

6.4 统计量及其分布

6.4.1 总体、样本和统计量

总体与样本在中学已经知道,抽样调查是从考察的全体对象中抽取部分对象进行调查的一种方法.所考察的全体对象称为总体,组成总体的每一个考察对象称为个体.例如要研究某品牌型号的一批电池,则这批电池的全体就是总体,其中每节电池就是个体.被抽取的那些个体的集合称为样本,样本所含个体的数目称为样本容量.需要指出的是,在构成样本时,各个个体被抽中的机会应当是均等的,且每次抽样都是相互独立的,即每次抽样的结果不影响其他各次抽样的结果.

在实际中,往往只是研究总体的某一个或几个数值指标,如电池的储存

寿命 ξ, 它是一个随机变量. 为方便起见, 可将随机变量 ξ 的所有可能取值的全体看作总体, 或者说总体是随机变量 ξ.

在从总体 ξ 中抽取的容量为 n 的样本中, 各个个体(的数值指标)被认为是 n 个与 ξ 具有相同概率分布的相互独立的随机变量 $\xi_1, \xi_2, \cdots, \xi_n$, 该样本表示为 $(\xi_1, \xi_2, \cdots, \xi_n)$ ($(\xi_1, \xi_2, \cdots, \xi_n)$ 称为 n 维随机向量), 称为总体 ξ 的样本. 在一次抽样以后, 所观测到的样本 $(\xi_1, \xi_2, \cdots, \xi_n)$ 的一组确定的值 $(x_1, x_2, \cdots, x_n)$ 称为样本观测值.

虽然样本可在一定程度上反映总体, 但直接用样本解决所要研究的问题一般并不方便. 在数理统计学中常通过构造一些样本的函数——统计量来研究总体.

定义 1　设 $(\xi_1, \xi_2, \cdots, \xi_n)$ 是总体 ξ 的一个样本, 如果 $g(\xi_1, \xi_2, \cdots, \xi_n)$ 为该样本的一个连续函数, 且不含任何未知参数, 则称 $g(\xi_1, \xi_2, \cdots, \xi_n)$ 为一个样本统计量.

例如, 设 $(\xi_1, \xi_2, \cdots, \xi_n)$ 是总体 ξ 的一个样本, 则

$$\bar{\xi} = \frac{1}{n} \sum_{k=1}^{n} \xi_k, \quad S^2 = \frac{1}{n-1} \sum_{k=1}^{n} (\xi_k - \bar{\xi})^2, \quad S = \sqrt{\frac{1}{n-1} \sum_{k=1}^{n} (\xi_k - \bar{\xi})^2}$$

都是统计量. $\bar{\xi}$ 称为样本均值, S^2 称为样本方差, S 称为样本均方差或样本标准差.

统计量 $g(\xi_1, \xi_2, \cdots, \xi_n)$ 也是一个随机变量. 当样本 $(\xi_1, \xi_2, \cdots, \xi_n)$ 取得一组观测值 $(x_1, x_2, \cdots, x_n)$ 时, $g(x_1, x_2, \cdots, x_n)$ 就是 $g(\xi_1, \xi_2, \cdots, \xi_n)$ 的一个观测值. 特别地, 样本均值 $\bar{\xi}$、样本方差 S^2 和样本均方差 S 的观测值常用 $\bar{x}$、s^2 和 s 表示.

6.4.2　抽样分布

统计量的概率分布称为抽样分布. 下面简单介绍几个常用的抽样分布.

其中$(\xi_1,\xi_2,\cdots,\xi_n)$是总体$\xi$的一个样本,$\bar{\xi}$是样本均值,$S$是样本均方差.

1. 正态总体样本均值的分布

设总体$\xi \sim N(\mu,\sigma^2)$,$(\xi_1,\xi_2,\cdots,\xi_n)$是总体$\xi$的一个样本. 可以证明$\xi_1$$+\xi_2+\cdots+\xi_n$服从正态分布.由数学期望和方差的性质可知,

$$\xi_1+\xi_2+\cdots+\xi_n \sim N(n\mu,n\sigma^2).$$

从而

$$\bar{\xi} \sim N(\mu,\sigma^2/n).$$

2. U 变量的分布

设总体$\xi \sim N(\mu,\sigma^2)$,记$U = \dfrac{\bar{\xi}-\mu}{\sigma/\sqrt{n}}$,称为$U$变量.因为$\bar{\xi} \sim N(\mu,\sigma^2/n)$,可

知$U \sim N(0,1)$.

定义2(t分布)   如果随机变量ξ的密度函数为

$$f(x) = \frac{\Gamma\left(\dfrac{n+1}{2}\right)}{\sqrt{n\pi}\,\Gamma\left(\dfrac{n}{2}\right)}\left(1+\frac{x^2}{n}\right)^{-\frac{n+1}{2}}\ (-\infty < x < +\infty),$$

则称ξ服从n个自由度的t分布,记为$\xi \sim t(n)$(图6-4-1).其中

$$\Gamma(x) = \int_0^{+\infty} t^{x-1}e^{-t}dt(x>0)$$

称为Γ函数.

可以看到,t分布的密度曲线(图6-4-1)与标准正态分布的密度曲线很相似.事实上,当自由度n较大时,t分布就近似于标准正态分布.

3. T 变量的分布

设总体$\xi \sim N(\mu,\sigma^2)$,记$T = \dfrac{\bar{\xi}-\mu}{S/\sqrt{n}}$,称为$T$变量.可以证明,

$$T \sim t(n-1).$$

6.4.3　上 α 分位点

如果已知随机变量 ξ 的概率分布,则可求出 ξ 落在给定区间的概率. 而在数理统计中,往往是先给定概率,反过来求 ξ 所在的区间(的端点). 为此引入下面的上 α 分位点的概念.

定义 3(上 α 分位点)　设随机变量 ξ 服从某分布,对于给定的 $\alpha(0<\alpha<1)$,称满足条件

$$P\{\xi>\xi_\alpha\}=\alpha$$

或

$$P\{\xi\leqslant\xi_\alpha\}=1-\alpha$$

的点 ξ_α 为该分布的上 α 分位点(或上侧临界值),简称上 α 点(图 6-4-2).

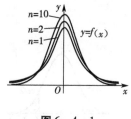

图 6-4-1

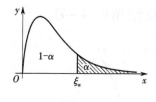

图 6-4-2

1. 标准正态分布的上 α 分位点

已知 $U\sim N(0,1)$,因此对于给定的 $\alpha(0<\alpha<1)$,满足条件

$$P\{U>U_\alpha\}=\alpha \text{ 或 } \Phi(U_\alpha)=1-\alpha$$

的点 U_α 为标准正态分布的上 α 分位点(图 6-4-3).

2. 标准正态分布的双侧 α 分位点

如果 $P\{|U|>x\}=\alpha(x>0)$,则 $x=U_{\alpha/2}$(图 6-4-4)称为标准正态分布的双侧 α 分位点.

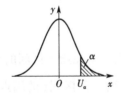

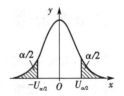

图 6-4-3　　　　　　　　　　图 6-4-4

3. t 分布的上 α 分位点

如果 $\xi \sim t(n)$，则对于给定的 $\alpha(0 < \alpha < 1)$，满足条件

$$P\{\xi > t_\alpha(n)\} = \alpha$$

的点 $t_\alpha(n)$ 为 t 分布的上 α 分位点（图 6-4-5）.

4. t 分布的双侧 α 分位点

如果 $\xi \sim t(n)$，且 $P\{|\xi| > x\} = \alpha(x > 0)$，则 $x = t_{\alpha/2}(n)$ 称为 t 分布的双

侧 α 分位点（图 6-4-6）.

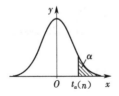

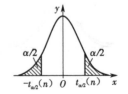

图 6-4-5　　　　　　　　　　图 6-4-6

习题 6.4

设随机变量 X 的概率密度为

$$p(x) = A\mathrm{e}^{-|x|}, \quad -\infty \leqslant x \leqslant +\infty.$$

求:(1)系数 A;

　　(2) $E(X)$;

(3) $D(X)$.

6.5　参数估计

6.5.1　点估计

由样本确定一个数作为给定的总体参数的估计值,称为该参数的点估计.

例 1　已知某种电器的寿命 $\xi \sim N(\mu, \sigma^2)$,为了估计参数 μ 和 σ,随机抽取了 10 件电器进行寿命测试,得到如下数据(单位:小时):

　　1 050,1 100,1 080,1 120,1 200,1 250,1 040,1 130,1 300,1 200.

解　μ 和 σ^2 是总体 ξ 的均值和方差,我们分别用样本均值 $\bar{\xi}$ 和样本方差 S^2 作为 μ 和 σ^2 的估计量. 将上述样本观测值代入计算,得

$$\bar{\xi} = \frac{1}{10}(1\ 050 + 1\ 100 + \cdots + 1\ 200) = 1\ 147(\text{小时});$$

$$S^2 = \frac{1}{10-1}\left[(1\ 050 - 1\ 147)^2 + (1\ 100 - 1\ 147)^2 + \cdots + (1\ 200 - 1\ 147)^2\right]$$

$$= 7\ 578.9;$$

$$S = \sqrt{7\ 578.9} \approx 87.057(\text{小时}).$$

因此,认为 $\mu \approx 1\ 147$ 小时,$\sigma \approx 87.057$ 小时,即 $\xi \sim N(1\ 147, 87.057^2)$.

用样本数字特征估计总体数字特征,这种方法称为样本数字特征法.

6.5.2　优良估计量的评价标准

在例 1 中是分别用样本均值 $\bar{\xi}$ 和样本方差 S^2 作为总体均值 μ 和方差 σ^2 的估计量. 但可以由样本构造的统计量是很多的,为什么不选择别的统计量

作为 μ 和 σ^2 的估计量? $\bar{\xi}$ 和 S^2 作为 μ 和 σ^2 的估计量有什么优点? 要回答这些问题,就必须了解评价一个估计量是否优良有哪些标准. 在数理统计学中,通常认为一个优良的估计量应具有:无偏性,即估计值应以真值为中心;一致性,即样本容量越大,估计值与真值越接近;有效性,即估计值与真值的偏差越小越好.

事实上,$\bar{\xi}$ 和 S^2 作为 μ 和 σ^2 的估计量就具有上述三个特性.

6.5.3 区间估计

由包含参数的两个数之间的区间给定的总体参数估计称为该参数的区间估计. 区间估计既能给出估计的误差,又能给出估计的可靠程度,称为置信度. 相应的区间称为置信区间.

下面是置信区间的有关概念.

定义 设 θ 是总体分布的一个未知参数,如果对于给定的 $1-\alpha(0<\alpha<1)$,能由样本得到两个统计量 θ_1 和 θ_2,使

$$P\{\theta_1 < \theta < \theta_2\} = 1 - \alpha$$

成立,则称随机区间 (θ_1, θ_2) 为参数 θ 的 $1-\alpha$ 置信区间,其中 $1-\alpha$ 称为置信度,θ_1 和 θ_2 分别称为置信下限和置信上限. 置信区间的半径 $(\theta_2 - \theta_1)/2$ 称为边际误差.

6.5.4 正态总体均值的置信区间

正态分布是生活、生产和科学试验中最为普遍的一种概率分布. 有的现象,即使自身分布未知,但从中抽取的样本也可能近似服从正态分布,只要样本容量足够大(如大于30). 因此,本节中介绍的参数估计和假设检验等统计方法,都建立在正态分布的基础上. 下面求正态总体均值的 $1-\alpha$ 置信区

间,这时总是假定$(\xi_1,\xi_2,\cdots,\xi_n)$是正态总体$N(\mu,\sigma^2)$的一个样本.

1. 总体方差 σ^2 已知时,均值 μ 的 $1-\alpha$ 置信区间

取样本函数 $U=\dfrac{\bar{\xi}-\mu}{\sigma/\sqrt{n}}$,则 $U\sim N(0,1)$. 于是对于给定的置信度 $1-\alpha$,有

$$P\left\{-U_{\frac{\alpha}{2}}<\frac{\bar{\xi}-\mu}{\sigma/\sqrt{n}}<U_{\frac{\alpha}{2}}\right\}=1-\alpha \tag{1}$$

成立(图 $6-5-1$). 即有

$$P\left\{\bar{\xi}-U_{\frac{\alpha}{2}}\frac{\sigma}{\sqrt{n}}<\mu<\bar{\xi}+U_{\frac{\alpha}{2}}\frac{\sigma}{\sqrt{n}}\right\}=1-\alpha$$

成立. 故 μ 的 $1-\alpha$ 置信区间为

$$\left(\bar{\xi}-U_{\frac{\alpha}{2}}\frac{\sigma}{\sqrt{n}},\bar{\xi}+U_{\frac{\alpha}{2}}\frac{\sigma}{\sqrt{n}}\right).$$

2. 总体方差 σ^2 未知时,均值 μ 的 $1-\alpha$ 置信区间

由于总体方差 σ^2 未知,因此用 S^2 代替 σ^2,而取样本函数 $T=\dfrac{\bar{\xi}-\mu}{S/\sqrt{n}}$.

这里 $T\sim t(n-1)$,于是对于给定的置信度 $1-\alpha$,有

$$P\left\{-t_{\frac{\alpha}{2}}(n-1)<\frac{\bar{\xi}-\mu}{S/\sqrt{n}}<t_{\frac{\alpha}{2}}(n-1)\right\}=1-\alpha \tag{2}$$

成立(图 $6-5-2$). 即有

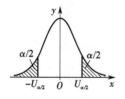

图 $6-5-1$

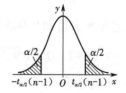

图 $6-5-2$

$$P\left\{\bar{\xi} - t_{\frac{\alpha}{2}}(n-1)\frac{S}{\sqrt{n}} < \mu < \bar{\xi} + t_{\frac{\alpha}{2}}(n-1)\frac{S}{\sqrt{n}}\right\} = 1 - \alpha$$

成立. 故 μ 的 $1 - \alpha$ 置信区间为

$$\left(\bar{\xi} - t_{\frac{\alpha}{2}}(n-1)\frac{S}{\sqrt{n}}, \bar{\xi} + t_{\frac{\alpha}{2}}(n-1)\frac{S}{\sqrt{n}}\right).$$

例2 某单位至少有100台电话机,每台分机平均有5%的时间用于外线通话,设各个设备是相互独立的. 问总计至少要有多少条外线才能以90%的概率保证每个分机使用外线时不被占线.

解 设至少要装 m 条外线,将每个分机使用外线一次视为独立试验,则200台分机中使用外线的数目记为 X, X 是一个随机变量,且 $X \sim B(200, 0.05)$,则

$$P\{0 < X \leqslant m\} = P\left\{\frac{-np}{\sqrt{nqp}} < \frac{X-np}{\sqrt{nqp}} \leqslant \frac{m-np}{\sqrt{nqp}}\right\}$$

$$\approx \int_{-\frac{10}{\sqrt{9.5}}}^{\frac{m-10}{\sqrt{9.5}}} \frac{1}{\sqrt{2\pi}} e^{-\frac{t^2}{2}} \mathrm{d}t$$

$$= \Phi\left(\frac{m-10}{\sqrt{9.5}}\right) - \Phi\left(\frac{-10}{\sqrt{9.5}}\right) \geqslant 0.90.$$

因为 $\Phi\left(\dfrac{-10}{\sqrt{9.5}}\right) = 0$,所以

$$\Phi\left(\frac{m-10}{\sqrt{9.5}}\right) \geqslant 0.90.$$

查正态分布表可知 $0.9032 = \Phi(1.30)$,即

$$m \geqslant 10 + 1.30 \times \sqrt{9.5} = 1.4,$$

至少要装14条外线.

习题6.5

从一批袋装味精中随机抽取了12袋,称得质量(单位:g)为:

$$101,103,104,105,102,97,98,101,100,99,98,103.$$

假定这批味精质量服从正态分布,试由此数据求这批味精的平均质量 μ 的置信度为95%的置信区间.

6.6 假设检验

6.6.1 假设检验的概念和基本思想

1. 假设检验的概念

前面讨论了怎样利用样本去估计总体分布所含的未知参数. 所得到的这些参数的估计值是否符合要求,即它与真值之间是否在统计上相拟合,还需要在样本的基础上进行检验,这就是统计假设检验问题.

例1 在6.5节例1中,已算出样本均值 $\bar{x} = 1\ 147$ 小时. 能否根据6.5节例1的资料认为总体均值 $\mu = 1\ 150$ 小时?

在例1中需要检验两个假设: $\mu = 1\ 150$ 和 $\mu \neq 1\ 150$,它们称为统计假设,简称假设. 其中第一个假设称为原假设,记为 $H_0: \mu = 1\ 150$;第二个假设称为备择假设,记为 $H_1: \mu \neq 1\ 150$. 原假设与备择假设是互不相容的. 如果用样本观测值检验后的结论是原假设 H_0 正确,就接受假设 H_0,而拒绝假设 H_1;反之就拒绝 H_0,而接受 H_1.

如果一个事件 A 发生的概率很小,例如 $P(A) = 0.001$,这意味着大约在 $1\ 000$ 次重复试验中,A 才发生一次,即事件 A 是一个小概率事件. 在数理统计中常用到一个命题:小概率事件在一次试验中是不会发生的. 这个命题称为小概率原理. 至于将概率小到什么程度的事件算作小概率事件,是根据问题的性质和目的要求来定的.

2.假设检验的基本思想

要检验某个假设 H_0，先假定 H_0 正确，在此基础上用统计量构造一个概率不超过 α 的小概率事件 A，其中 α 是一个很小的正数（常取为 0.05、0.01 等），称为显著性水平. 如果经过一次试验（取某一组样本观测值），事件 A 竟然发生了，则根据小概率原理怀疑 H_0 的正确性，于是拒绝 H_0；如果事件 A 没有发生，则说明 H_0 与试验结果不矛盾，不能拒绝 H_0. 这时如果样本容量足够大，就可以接受 H_0，否则可扩大样本容量作进一步检验.

6.6.2　假设检验中的两类错误

假设检验是根据小概率原理作出对假设的拒绝或接受的判断. 但显然小概率原理并不是绝对正确的，即小概率事件并非一定不会发生. 因此，我们在假设检验中所作出的判断并非百分之百正确，有可能犯以下两类错误：

第一类错误是"拒真"错误，即原假设 H_0 本来是正确的，却被拒绝了；

第二类错误是"受伪"错误，即原假设 H_0 本来是错误的，却被接受了.

在进行假设检验时，当然希望犯这两类错误的概率都尽可能小. 但事实上在样本容量一定时，建立犯两类错误的概率都最小的检验是不可能的. 考虑到一般原假设的提出是有一定依据的，对它要加以保护，拒绝它要慎重，所以通常要控制犯第一类错误的概率，即通常是在假定原假设 H_0 正确的基础上，根据给定的显著性水平 $\alpha(0 < \alpha < 1)$ 来构造小概率事件.

6.6.3　单个正态总体均值的假设检验

设 $(\xi_1, \xi_2, \cdots, \xi_n)$ 是来自正态总体 $N(\mu, \sigma^2)$ 的一个样本，$\bar{\xi}$ 与 S^2 分别为样本均值和样本方差，$\mu_0, \sigma_0(\sigma_0 > 0)$ 为已知常数. 下面讨论未知参数 μ 的假设检验法.

1. U 检验

已知 $\sigma^2 = \sigma_0^2$, 检验 $H_0 : \mu = \mu_0$, $H_1 : \mu \neq \mu_0$.

取统计量

$$U = \frac{\bar{\xi} - \mu_0}{\sigma / \sqrt{n}}. \tag{1}$$

如果假设 $H_0 : \mu = \mu_0$ 成立, 则有 $U \sim N(0,1)$. 对于给定的显著性水平 α $(0 < \alpha < 1)$, 有 $P\{|U| > U_{\alpha/2}\} = \alpha$ (图 6-6-1).

当 α 很小时, 事件 $A = \{|U| > U_{\alpha/2}\}$ 就是一个小概率事件. 将样本观测值代入式 (1), 求出 U 的值; 查 "标准正态分布表" 或用数学软件计算可得到 $U_{\alpha/2}$. 如果 $|U| > U_{\alpha/2}$, 则表明在一次试验中小概率事件 A 发生了, 于是拒绝 $H_0 : \mu = \mu_0$ (因此将 $\{U \mid |U| > U_{\alpha/2}\}$ 称为拒绝域), 而接受 $H_1 : \mu \neq \mu_0$; 否则就接受 H_0. 这种检验法称为 U 检验.

2. t 检验

σ^2 未知, 检验 $H_0 : \mu = \mu_0$, $H_1 : \mu \neq \mu_0$.

取统计量

$$T = \frac{\bar{\xi} - \mu_0}{S / \sqrt{n}}. \tag{2}$$

如果假设 $H_0 : \mu = \mu_0$ 成立, 则 $T \sim t(n-1)$. 对于给定的 $\alpha(0 < \alpha < 1)$, 有 $P\{|T| > t_{\alpha/2}(n-1)\} = \alpha$ (图 6-6-2).

这说明事件 $A = \{|T| > t_{\alpha/2}(n-1)\}$ 是小概率事件. 因此, H_0 的拒绝域为 $\{T \mid |T| > t_{\alpha/2}(n-1)\}$, 即如果将样本观测值代入式 (2) 算出的 T 满足 $|T| > t_{\alpha/2}(n-1)$ ($t_{\alpha/2}(n-1)$ 可通过查 "t 分布表" 或用数学软件计算得到), 则拒绝原假设 $H_0 : \mu = \mu_0$, 而接受 $H_1 : \mu \neq \mu_0$; 否则就接受 H_0 而拒绝 H_1. 由于这里选取的统计量 T 服从 t 分布, 因此这种检验法称为 t 检验.

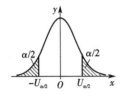

图 6-6-1

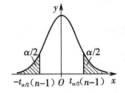

图 6-6-2

例2 食品厂用自动装罐机装罐头食品,每罐标准质量为 500 克,每隔一定时间需要检查机器工作情况. 现抽得 10 罐,测得其质量(单位:克)为:

495,510,505,498,503,492,502,512,497,506.

假定质量 ξ 服从正态分布 $N(\mu,\sigma^2)$,试问机器工作是否正常(取 $\alpha=0.02$)?

解 本题是在总体方差 σ^2 未知时,以显著性水平 $\alpha=0.02$,检验假设 $H_0:\mu=500$.

$$n:=10 \quad \alpha:=0.02 \quad M:=\begin{pmatrix} 495 & 510 & 505 & 498 & 503 \\ 492 & 502 & 512 & 497 & 506 \end{pmatrix}$$

$$T:qt\left(1-\frac{\alpha}{2},n-1\right) \quad \mu_0:=500 \quad T_0:\frac{\text{mean}(M)-\mu_0}{\dfrac{\text{Stdev}(M)}{\sqrt{n}}}$$

$$|T_0|=0.973 \quad T=2.821$$

习题 6.6

正常人的脉搏平均为 72 次/分,现某医生测得 10 例慢性四乙基铅中毒者的脉搏(次/分)如下:

54,67,68,78,70,66,67,70,65,69.

问患者和正常人的脉搏有无显著差异(可认为人的脉搏服从正态分布, $\alpha=0.05$)?

习题6

1. 证明：

(1) $(A \cup B)C = AC \cup BC$；

(2) $(AB) \cup C = (A \cup B)(B \cup C)$；

(3) $\overline{A \cup B} = \overline{A}\,\overline{B}$；

(4) $\overline{AB} = \overline{A} \cup \overline{B}$；

(5) $A - B = A\overline{B}$.

2. 一套书分为 4 册，按任意顺序放到书架上，求正好按照 1234 的顺序排列的概率.

3. 一个电路由五个元件串联而成，每个元件正常工作的概率为 0.9，求电路正常工作的概率.

4. 已知一批种子的发芽率为 0.9，出芽后的成活率为 0.8，在该批种子里任取一粒，求种子成长为活苗的概率.

5. 射手 A, B 分别对靶子进行射击，命中率分别为 0.8 和 0.6，射击后发现有一人命中，求这是射手 A 命中的概率.

6. 设随机变量 X, Y 相互独立，且都服从 $N(0,1)$ 分布，求 $\dfrac{X}{Y}$ 的概率密度.

7. 设随机变量 X, Y 相互独立，且都服从参数为 λ 的指数分布，求 $\dfrac{X}{Y}$ 的概率密度.

8. 有一控制系统，由 100 个相互独立工作的部件组成，在整个运行期间每个部件的损坏率为 0.1，为了使整个系统正常工作，至少要有 85 个部件工作，求整个系统能正常工作的概率.

参考文献

［1］　同济大学数学系. 高等数学［M］. 6 版. 北京:高等教育出版社,2007.

［2］　侯风波. 高等数学［M］. 北京:高等教育出版社,2000.

［3］　周光亚,张宏伟. 高等数学［M］. 北京:高等教育出版社,2010.

［4］　周光亚. 经济数学［M］. 2 版. 天津:天津大学出版社,2016.